I0040726

Hermano Adam
Apicultura en la Abadía Buckfast: Con una sección sobre el hidromiel
ISBN: 978-1-912271-82-5
Traducción de Mattia Ferramosca

Título original:
Bee-Keeping at Buckfast Abbey: with a section on meadmaking
Primera publicación en 1975
Reimpreso en 1977, 1980, 1987
Cuarta edición con la sección sobre el hidromiel publicada en 1987
Edición en español publicada en marzo de 2021

Este libro se basa en parte en Meine Betriebsweise, publicado por primera vez en 1971 por el Ehrenwirth, Verlag, Munich, Alemania Occidental

Book design: www.SiPat.co.uk

Hermano Adam

Apicultura en la Abadía Buckfast

Con una sección sobre el hidromiel

Índice

El libro Apicultura en la Abadía Buckfast en los últimos cuarenta años ha trasformado muchísimas empresas apícolas. Personalmente lo leí en los años 70, y para mí ha significado el comienzo de una manera completamente nueva de observar la apicultura. Hermano Adam estaba tan adelantado respecto a su época que todavía hoy nos preguntamos con frecuencia si realmente fue comprendido. Hermano Adam demostró sin duda un amplio conocimiento y esta es, seguramente, la razón por la cual, independientemente de todas las cuestiones de razas, siempre ha suscitado en los apicultores nuevas preguntas sobre las abejas y su sociedad.

Como reconocimiento por el trabajo realizado en su vida, a Hermano Adam se le ha atribuido el doctorado de honoris en Suecia e Inglaterra; en Alemania ha recibido la Orden del Mérito de la República Federal y del Land Baden-Württenberg, mientras su identidad es honrada, asimismo, en muchas otras circunstancias. Seguramente el suyo fue un don natural, en el cual se aglutinó una notable calidad práctica y un extraordinario bagaje de cultura científica.

Consiguió influir en los aspectos más importantes de la apicultura, como son las abejas, sus condiciones y gestión ecológica - hoy en día tan importante- indicando en cualquier situación el camino a tomar y demostrando en el último siglo cómo ha influido su visión determinante en la apicultura. La suya ha sido una figura inigualable.

Hans Beer
Hole Schule der Buckfastbiene (DE)

Presentación

Este libro elaborado por parte de Hermano Adam reúne la historia de su trabajo de toda una vida como apicultor pionero en la selección de una raza de abeja, aportando además un gran ejemplo de una apicultura moderna. Estas memorias conocidas en muchos países, entre ellos Gran Bretaña, Francia, Italia, Alemania y Estados Unidos, forman parte de este libro reconocido como un clásico de la literatura apícola.

Siendo el primero de una serie de libros, en esta ópera Hermano Adam cuenta, con la máxima transparencia posible, todos los sucesos ocurridos en su experiencia de apicultor. Su capacidad crítica, constancia e inteligencia, llevan a este monje benedictino a obtener resultados increíbles, tanto en la selección de un híbrido como a un manejo que busca el máximo resultado con el mínimo esfuerzo.

Una peculiaridad de este libro, publicado en el 1975 y nunca actualizado en el curso de los años, es que no habla de varroa; aunque eso sí, comienza narrando la invasión destructiva de otro parásito (acarapis woodi), igualmente dañino, tanto como puede serlo el ácaro de hoy en día.

Sin lugar a dudas, este libro puede ser realmente de ayuda para todos aquellos apicultores que quieren empezar, seguir o mejorar una explotación apícola donde manejo y rentabilidad son los dos factores claves para el éxito de la misma.

Hasta ahora, muchas de sus ideas no han sido compartidas por parte de apicultores y científicos. Sin embargo, el fin de esta lectura no es otro que conocer, aprender y quizás, para muchos apicultores, ser un definitivo impulso para poder empezar un camino en este ámbito que cuide la selección de sus abejas y mejore el manejo de este excepcional animal.

A través de la narración de los distintos cruces que Hermano Adam experimenta año tras año, este libro se convierte en el primero en el que un apicultor cuenta sus experiencias prácticas sobre la mejora genética.

Mattia Ferramosca

Prefacio

Desde hace muchos años, se me ha pedido insistentemente escribir un libro sobre nuestra manera de practicar la apicultura. Cuestiones más importantes, que no habrían tolerado retrasos, me han impedido hasta hoy dirigir mi atención a este logro. Me di cuenta de que se trataba de escribir este libro ahora o nunca, intentando así satisfacer la demanda de aquellos que me lo solicitaron.

La apicultura en la Abadía Buckfast se apoya en una larga tradición. En un tramo de una antigua pared de piedra, restos de un colmenar parecen indicar la posibilidad de que en la Abadía existiera la presencia de abejas antes de la abolición de los monasterios, impuesta en 1.539. De todos modos, cuando los monjes volvieron a Buckfast en 1.882, en la misma propiedad había efectivamente abejas. Mis recuerdos personales se remontan al año 1.910, y mi directa participación personal en la actividad apícola empezó tan solo cinco años después, cuando en marzo de 1.915 se me pidió que asistiera a Hermano Columban, responsable de nuestra apicultura desde 1.895.

Mi ingreso en el mundo de la apicultura difícilmente habría podido ocurrir en un momento menos favorable. La enfermedad de la isla de Wight (Virus de la parálisis crónica - V.P.C.), o acariosis, había alcanzado su máxima difusión, y en el otoño de 1.915 el oficial veterinario de la comarca encargado de las abejas lanzó la arriesgada previsión de que para la siguiente primavera nos habríamos quedado completamente sin abejas. Tan solo 16 de nuestras 46 colonias sobrevivieron: las colonias de abejas autóctonas murieron todas, mientras que las abejas de origen italiano superaron la enfermedad. El verano de 1.916 fue muy próspero, y fuimos capaces de recuperar las bajas del invierno anterior, tanto que en 1.917 conseguimos a alcanzar el número de 100 colonias de abejas. En los dos años siguientes, dedicamos todos nuestros esfuerzos a reconstruir la población de abejas, utilizando literalmente centenares de colonias en cada rincón del país. El primero de septiembre de 1.919, Padre Columban se retiró, y la conducción de las abejas en la abadía se quedaron bajo mi custodia.

Quiero recordar estos hechos porque estoy convencido de que es casi imposible de comprender, para aquellos que no han experimentado de primera mano los problemas y las desilusionantes muertes en aquella época, que en aquellos colmenares apareciera la acariosis y como consecuencia, se pusieran en valor plenamente los grandes logros alcanzados a partir de 1.920 en todas las cuestiones prácticas y técnicas de la apicultura. Estos progresos fueron alcanzados poco a poco, y son el resultado de un esfuerzo inmenso. Las imágenes que he seleccionado quieren, en alguna medida, proporcionar una idea de los progresos ocurridos en los últimos sesenta cinco años.

Este libro no es un manual, sino un resumen general de la apicultura que hemos desarrollado en Buckfast. Como se podrá observar, cada herramienta de equipo, cada operación, cada aspecto de la conducción, ha sido estudiado para conseguir los mejores resultados posibles, buscando por nuestra parte la forma de alcanzar el mínimo esfuerzo y el máximo ahorro de tiempo. A la vez, hemos intentado prestar la máxima atención a los comportamientos e instintos de la abeja. Aunque dotada de una maravillosa capacidad de adaptación, ésta no permite ignorar sus inmutables instintos y su organización sorprendente, sin evitar por tanto encontrarnos con todas las consecuencias de ello derivadas. Francamente, estudiar a la abeja e informarse sobre su conducta es una de las tareas más importantes para el apicultor que quiere tener éxitos en su actividad.

Hasta ahora no he tomado en justa consideración el apoyo que han prestado al desarrollo de la apicultura los viajes de investigación y el uso de las diferentes razas de abeja que hemos recogido en los últimos veinticinco años. Este aspecto de nuestro compromiso está tratado en el libro In Search of the Best Strains of Bees ('A la búsqueda de las mejores variedades de abejas`).

Aprovecho para expresar mi profunda estima y un agradecimiento al dott. Rev. Leo Smith, que muy amablemente ha supervisado este manuscrito y proporcionado válidos consejos. Quiero también expresar mi agradecimiento a todos aquellos que, de una manera o de otra, en el trascurrir de los últimos sesenta años, me han ofrecido su ayuda. Sin su apoyo no habría sido posible cumplir con todo el trabajo realizado.

Hermano Adam, primavera 1974.

Prefacio a la cuarta edición

Este libro, en todo su concepto, ha respondido a una particular necesidad: desde su presencia, más o menos hace veinte años, ha sido publicado en seis idiomas, inglés, francés, alemán, griego, sueco e italiano.

A pesar de las distintas traducciones y ediciones que han sido publicadas, ninguna nunca ha mejorado ni actualizado el texto. La especial herramienta y la conducción aquí descritas han soportado la prueba del tiempo, y confirmado las conclusiones de los cincuenta años precedentes. En el caso de esta edición me ha parecido que algunos aspectos particulares de nuestra apicultura tendrían que estar puestos en mayor evidencia. Sus significados, de gran importancia, no siempre han sido considerados en todo su valor.

Nuestro objetivo principal ha sido en cada momento alcanzar la máxima recolección de miel por cada colonia, con el máximo ahorro de esfuerzo y de tiempo. Para obtener esta finalidad, el punto de fuerza son las reinas, que tienen que ser de la mejor calidad, tanto física como genética. Nuestras tentativas a lo largo de estos años han encontrado el respaldo de un cierto éxito que da resultados asegurados a escala mundial.

También en Europa han sido registradas medias de producciones que llegan a 182 kg., con una recolección individual de 253 kg. (equivalente a 558 libras). Además, al mismo tiempo tenemos que aceptar que las mayores capacidades, la mejor herramienta y esfuerzo son de escasa ayuda cuando, en estaciones en las cuales las condiciones climatológicas son adversas, llega a escasear cada recurso de néctar.

Después de todo lo dicho y hecho en cuestión de análisis en la apicultura, el éxito está determinado solo desde nuestra capacidad de garantizar que cada colonia esté en cada momento en las mejores condiciones para realizar, cuando se presenta el flujo de néctar, la máxima recolección.

Hermano Adam, primavera 1.986.

Tabla de comparación de los pesos y de las medidas inglesas utilizadas en el texto.

Pesos	onza:	28,349 g
	Libra:	0,453 g
	cwt (hundredweight)	50,802 kg
Líquidos	pinta:	0,5683 l
	cuart:	1,136 l
	galón:	4,546 l
Medidas	pulgar:	2,54 cm
	pie:	0,35 m
	milla terrestre:	1,609 km

Primera Parte

Observaciones generales

En las abejas hay algo que siempre ha hipnotizado a los hombres de cada época. Su extraordinario sentido del orden y de la precisión, sus capacidades de adaptación a todo y en cada circunstancia, su sorprendente versatilidad, etc. Estas y muchas más características ofrecen una interminable fuente de interés y de deleite, tanto para el apicultor profesional, con sus 2.000 o más colmenas, como para los aficionados, con pocas colmenas en un rincón de su jardín.

En apicultura, el éxito a gran escala está basado en aplicar algunos principios del buen sentido común en el manejo estacional. En la segunda parte de este libro describiré en detalle nuestro manejo estacional tal y como lo hemos llevado a cabo en el transcurrir de cincuenta años. Intentaré indicar también las desventajas de algunas metodologías que son frecuentemente usadas entre los apicultores. Es evidente que el enfoque del apicultor profesional tiene que ser distinto respecto del aficionado, aunque en el cuidado de las abejas ciertos principios basilares no pueden ser descuidados, tanto por el primero como por el segundo. Antes de entrar en el mérito de nuestra gestión estacional, querría tratar estos principios basilares, que a menudo en los manuales de apicultura quedan olvidados.

1. Principios de gestión

Había un tiempo, no hace muchos años, en el cual se atribuía un gran mérito a determinados particulares del manejo de las abejas, que se basaban en un total desinterés por su organización increíblemente maravillosa y por el sistema sabiamente equilibrado de las interacciones que regulan la actividad de las colonias de abejas. La experiencia ha demostrado que intromisiones de este tipo, junto a la falta de atenciones más elementales, no solamente llevan a no conseguir los resultados que se querrían alcanzar, sino que resultan especialmente nocivos para el bienestar de la colonia. Realmente, si no hubiera sido por la extraordinaria capacidad de las abejas para adaptarse y superar la más obvia e innecesaria interferencia de muchos de sus cuidadores, aunque empujados desde sus mejores intenciones, el éxito en la cría de las abejas parecería resultar mucho más un fruto de la casualidad que lo que podría ser en la realidad. Sin lugar a dudas, cuando se dice que en muchos casos una colonia produce un extra de miel a pesar del apicultor hay una cierta dosis de verdad.

En Buckfast, cuanto es posible, intentamos respetar la inviolabilidad del principal motor de la vida de una familia, es decir, el nido de cría. "La expansión de la cría", la eliminación de los cuadros bloqueados de polen para acelerar la represa primaveral, la alimentación estimulante o cada inspección o molestia, son evitados rigurosamente cuando no sean necesarios, y en nuestra gestión no tienen lugar. Además, prestamos mucha atención también a utilizar lo menos posible el humo, nunca más de lo necesario. Porque, en realidad, el uso correcto del humo para calmar a las abejas es un verdadero arte. Cuando la apicultura es practicada con fines comerciales, el factor de tiempo tiene que tener, por necesidad, un papel primario en cada paso que compone su gestión. En realidad, el balance económico dependerá altamente de un examen profundizado y de la evaluación del tiempo necesario para cada operación. Cada cuidado y simplificación que conlleva un ahorro de tiempo y de energía en la apicultura rentable es de máxima importancia. La fase de proyecto de las distintas herramientas, y no menos importante, la variedad de abeja utilizada, influirán de forma determinante sobre el tiempo que tenemos que dedicar a cada colonia en el curso del año. El efecto acumulativo de una particular intervención, ejecutada en el momento más laborioso de la época hasta cientos de veces al día, para el apicultor profesional será un factor de importancia vital.

Antes de adentrarnos en los detalles de las diferentes consideraciones que hemos aludido, me parece oportuno referir un ejemplo de un episodio que se remonta a mis primeras experiencias como apicultor, a raíz de un incidente que tuvo una enorme influencia sobre todos los siguientes desarrollos de nuestra apicultura. Como pasa a menudo, los acontecimientos que nos parecen de menor importancia nos proporcionan informaciones de extremo valor, y tienen consecuencias de un gran relieve. Cuando en 1.919 me entregaron la gestión del sector apícola de la Abadía, esto ocurrió en la época en la que en nuestro país la cría de abejas estaba descarrilada, en un intento de contrarrestar una serie de graves problemas. La enfermedad de la isla Wight, como se llamaba en esta época, había barrido, no solamente a la vieja abeja autóctona inglesa, sino también, en gran parte, la forma de gestionar la apicultura que se practicaba hasta ese momento.

La apicultura tuvo forzosamente que orientarse nuevamente, y adaptarse a las nuevas condiciones: las ideas y preceptos de aquellos tiempos, que tenían cierta justificación antes de la desaparición de la vieja abeja autóctona, no tenían ya validez. La abeja italiana, que tenía una alta resistencia a esta enfermedad que había marcado la decadencia de la abeja autóctona, había adquirido ahora un predominio casi absoluto, y no podía ser criada sobre las bases de los mismos principios usados para las precedentes de variedad indígena. Como a menudo ocurre, los apicultores acostumbrados a la antigua usanza, tuvieron grandes dificultades a la hora de afrontar este hecho y de adaptarse a las nuevas circunstancias para las que era obligado actuar. En aquel tiempo, estaba ampliamente difundida la creencia de que una abeja no autóctona, así como la metodología de la apicultura extranjera, no tenía posibilidad de adaptarse a las condiciones existentes en las islas británicas. Esta creencia, que contaba con la máxima convicción, estaba principalmente basada en un gran malentendido. Por otro lado, los apicultores más abiertos al progreso en aquel tiempo no podían prever los desarrollos que el futuro nos habría reservado: en 1.906, por ejemplo, un apicultor de la zona obtuvo una familia guiada por una reina cruzada con plus de 160 libras, que en aquel tiempo vino a considerarse un récord absoluto. Sin embargo, a partir de 1.920, tuvimos una media general no menor de 192 libras de plus por familia, y una cosecha mono floral que superaba los 3 cwt. (1 cwt.= 50,80 Kg). Si una cosecha abundante por cada colonia es relativamente común, lo que cuenta son los rendimientos de las medias generales, considerándolos en un conjunto de años.

Hasta 1.920 nuestras familias eran ubicadas, como de costumbre, en un nido British Standard a 10 cuadros. Nos dimos cuenta de que un nido de tal capacidad no era el adecuado para la abeja italiana, más prolífica, sobre todo cuando venía cruzada. Comprimidas en esos nidos, las abejas italianas no tenían la posibilidad de alcanzar la máxima fuerza de la colonia y el máximo potencial de recolección de miel. De hecho, esta grave falta de espacio daba origen a inoportunas enjambrazones que reducían aún más el potencial de recolección de la familia.

Pero las tradiciones y la miopía de las costumbres en aquel momento eran sin duda contrarias al uso de los dobles nidos.

En el otoño de 1.920, como experimentación, pusimos a disposición una colonia sobre dos nidos, proporcionándole 40 libras de reservas. La primavera siguiente, aquella colmena estaba mucho más adelantada respecto a las colonias que habían pasado el invierno sobre 10 cuadros. Su inicio de primavera había superado nuestras más optimistas expectativas, y durante las floraciones de los árboles frutales había rellenado los dos nidos y estaba lista para colocar su primera media alza. Además de colocar las medias alzas que estaba pidiendo la misma colonia – llegando a necesitar hasta seis medias alzas – esta colmena no necesitó más trabajo por el resto del año. Al final de julio ocupaba dos nidos y seis medias alzas, imponiéndose como un faro por encima de las restantes colmenas en el colmenar. Se convirtió en un faro, no solo en el sentido metafórico, sino en muchos sentidos prácticos; nos indicó, no solo la dirección y el camino que nuestra apicultura debía seguir, sino también los escollos y bajas mareas que demasiado a menudo en la navegación de la apicultura moderna llevaban al naufragio.

Naturalmente, esta colonia fue el ejemplo perfecto, pero su excepcional revelación no había acabado en absoluto: sin presentar ningún problema o cuidado que necesitase un gasto de tiempo, dio una cosecha de 1,5 cwt. – es decir, 40 libras más respecto a la media anual que registramos aquel año. Por lo tanto, nos hicimos la pregunta obligada: ¿por qué este éxito tan sorprendente? Sin lugar a dudas, se debía fundamentalmente a tener una colmena más amplia o, para ser más preciso, al espacio de cría no limitado ofrecido por el uso de dos cámaras de cría y la abundante reserva invernal puesta a disposición.

Estos dos factores, espacio de cría ilimitado y reserva en cantidad proporcionada, había permitido el desarrollo primaveral de la colmena sin interrupciones y sin ningún tipo de alimentación estimulante. Pero el amplio espacio de cría y la abundancia de reservas no habría dado este resultado sin una reina de calidad, desde la comprobada fecundidad y pertenencia a una variedad notable para su capacidad de recolectar miel. A despecho de la buena reina, esta colmena no habría hecho una sola onza más de miel respecto a las otras presentes en nuestro apiario si al mismo tiempo no se hubieran dado los otros dos factores. Por otro lado, sabemos por amarga experiencia, que sin una reina de primera calidad todos los otros factores no dan resultados, y pueden provocar una clara desventaja. Además, sabemos que una colonia, una vez dadas estas condiciones esenciales, no solo producirá más miel, sino que la producirá con el mínimo de esfuerzo y tiempo dedicados a ella por parte del apicultor.

Resumiendo: este accidente nos proporcionó una escala de valoración, un listado de prioridad para desarrollar una apicultura de éxito y prolífica desde el punto de vista económico. Como primer paso pues, tenemos que tener una abeja que sea capaz de satisfacer las necesidades de una apicultura moderna, y en segundo lugar, necesitamos de un tipo de colmena con un nido del tamaño suficiente para que la colonia sea capaz de alcanzar su máxima capacidad de recolección de miel; tercero, el apicultor tiene que prestar siempre atención al instinto y organización altamente desarrollada de las abejas.

2. La abeja

No cabe duda de que la variedad de una abeja es el primer y más importante factor, tanto para los apicultores aficionados, como para los apicultores profesionales. Además, cada esquema de gestión estará fundamentalmente determinado por el tipo de raza y variedad criada, razón por la cual es necesaria una breve descripción del particular tipo de abeja que nosotros criamos.

La variedad Buckfast ha sido creada a partir de un cruce entre la abeja italiana color cuero y la antigua abeja indígena inglesa. El cruce original se remonta a sesenta años atrás, más o menos, es decir, antes de que la abeja indígena fuera eliminada por el virus de la parálisis crónica (V.P.C.). Además, la oscura abeja italiana, de la cual se disponía entonces para muchos aspectos, era distinta a otras variedades que son hoy en día importadas desde Italia. Por su aspecto, la abeja Buckfast recuerda el clásico color cuero de la abeja italiana de los Alpes Ligures, pero hay que aclarar que en nuestros cruces nunca hemos operado para obtener la uniformidad de las características exteriores, porque un objetivo similar podría ser alcanzado solamente perjudicando las prestaciones. Todavía es difícil encontrar una elevada uniformidad en los rasgos exteriores en cualquier raza de abeja, más aún en la abeja italiana.

Comparando a esta abeja con la italiana de hoy en día, la abeja Buckfast es más laboriosa, más económica, menos propensa a la enjambrazón y más resistente a las enfermedades, sobre todo a la acariosis. Recolecta menos propóleos respecto a muchas otras variedades, se queda mansa en invierno, pero en el momento oportuno (en primavera) tiene una represa rápida y mantiene por todo el verano una familia de gran vigor, que le permite sacar la máxima ventaja en cada flujo de néctar. Por su índole, es extraordinariamente dócil y tolera ser manejada incluso con clima adverso. Entre todas las cualidades que pueden caracterizar una variedad, probablemente ninguna es tan importante como la reluctancia a la enjambrazón. Una variedad puede poseer todas las características que deseamos, pero un instinto a la enjambrazón altamente desarrollado anulará de hecho todas las cualidades que tienen un valor económico. La enjambrazón es, claramente, el mayor temor de la apicultura moderna.

Aunque la abeja pura de Buckfast es verdaderamente poco propensa a enjambrarse, sería erróneo dar por hecho que siempre sea así bajo toda circunstancia. Es del todo verosímil que nunca se llegará a poseer una abeja que no manifieste ninguna inclinación en tal sentido, independientemente de todas las posibles circunstancias. Por el contrario, hay abejas y variedades que intentarán enjambrar sin respetar ninguna medida que lo impida.

Otras empezarán raramente los preparativos para la enjambrazón, a menudo sin llegar a cumplirla. Un apicultor profesional que llegaba a operar con dos mil familias, afirmaba que nuestra variedad, si era cuidada de manera adecuada, era tan poco enjambradora que pasaba como algo superfluo en las inspecciones periódicas. Hoy en día no cabe duda de que la enjambrazón no es el gran problema que era hace tiempo.

Aunque la abeja pura de Buckfast tenga el mérito de poseer una extraordinaria inclinación a recolectar miel, nosotros mismos nos apoyamos en parte en familias de líneas cruzadas. En casi todos los cruces, la base está formada sobre líneas puras, prevalentemente del lado paterno. Como en muchas otras formas de vida, también y particularmente en las abejas productoras de miel, el máximo rendimiento se alcanza solamente recurriendo al vigor de los híbridos o heterosis. En la realidad, solamente en las líneas cruzadas el apicultor puede esperar alcanzar el pleno beneficio de una variedad pura altamente desarrollada. Es necesario poner la debida atención en algunas particularidades de los híbridos de la abeja (sobre todo en el caso del primer cruce), particularidades que no se manifiestan y no pueden manifestarse en otras formas de vida. Este aspecto de la heterosis estará tratado en este libro en una sección específica.

Es necesario distinguir entre los híbridos que controlamos y las líneas cruzadas no controladas: en el caso de los híbridos a los que nos referimos, el linaje es siempre conocido – seguramente el que concierne a la madre – y tienen un origen puro. En el caso de las líneas cruzadas no controladas ocurre al revés. En general, estas líneas normalmente poseen la capacidad de sobrevivir en las estaciones desfavorables sin ninguna intervención por parte del dueño. Pero éstas no son fiables en todos los demás aspectos, y poseen casi siempre una predisposición a la agresividad y enjambrazón en campaña y fuera de campaña. Ocasionalmente, una colmena no controlada puede manifestar una excepcional capacidad de recolectar miel, sin embargo, ocurre a menudo que son completamente imprevisibles.

A menudo se considera que las abejas de color oscuro o negras, que se encuentran actualmente en cada parte de las islas británicas, representan la precedente raza de abejas indígenas. Esta idea es del todo equivocada: en realidad nunca encontré a nadie que hubiera conocido a la abeja indígena y que se atreviese a confirmar tal hipótesis. La abeja indígena tenía sin duda muchas características extremadamente apreciables, pero por otro lado presentaba los mismos inconvenientes y graves defectos. Tenía verdaderamente mal carácter, y era muy propensa a las enfermedades de la cría; En todo caso, no habría sido posible obtener las cosechas que conseguimos desde su desaparición.

Las abejas de color oscuro de nuestros días proceden de las importaciones de 1.919 y en los años siguientes, en un intento de repoblar el país. Estas importaciones provenían principalmente de Holanda y Francia, y las abejas introducidas pertenecían al mismo grupo de raza que nuestra precedente variedad indígena. Todavía, a pesar de su estrecha parentela, esta última difería respecto de aquellas importadas en algunas características.

La gran mayoría de las diferentes subvariedades de grupos de razas de Europa occidental (abeja negra) han sido examinadas en nuestros apiarios y encontramos que- abarcando desde el extremo norte de Finlandia hasta el punto más meridional de la península Ibérica-, ninguna satisfacía los requisitos de hoy en día. En realidad, el rápido declinar de la popularidad de la abeja de Europa occidental y su progresiva eliminación en varios países, es una clara confirmación de nuestras conclusiones. Si apreciamos por completo las excelentes cualidades de la abeja negra de Europa occidental – de las cuales hemos tenido hasta cien colonias a la vez – no será nunca más necesario someterla de nuevo a un examen profundizado. Sus factores indeseables superan a la larga sus aspectos positivos.

Una cosa aparece evidente: no existe raza o variedad que pueda satisfacer los deseos de todos. Además, no existe la abeja perfecta o ideal. Elegir en cada momento significa sopesar el conjunto de las ventajas y compararlas con el conjunto de desventajas, considerando la eventual adaptación a las particulares idiosincrasias de la abeja elegida.

3. La colmena

Paso ahora a relatar al lector algunas consideraciones sobre el tipo de colmena que nosotros usamos, y a dar algunas indicaciones de las razones que nos han empujado a la hora de adoptar esta colmena en particular. Razones por las que, durante al menos 50 años, se pasó de utilizar una colmena del tipo British Standard, a utilizar en 1.930 la colmena Dadant a 12 cuadros.

No hace falta decir que el tipo de colmena usada influye sobre los resultados obtenidos en la producción de miel. Por otro lado, no podemos no observar el hecho de que una colmena moderna, por muchos aspectos, es solamente una herramienta en las manos de los apicultores. Por su naturaleza, las abejas son extraordinariamente poco exigentes y de fácil adaptación: un tronco de un árbol hueco, un agujero en la roca o en una pared, han sido desde tiempos inmemorables su hogar habitual.

La perfección en la colmena moderna no sigue un proyecto complicado ni multitud de dispositivos, sino que al contrario se basa en la extrema facilidad en cada detalle. Más fácil y rápidamente se pueden ejecutar las operaciones rutinarias con el mínimo esfuerzo, y constituirá la colmena perfecta desde el punto estrictamente práctico. Es sorprendente ver cómo se puede producir miel con el mayor resultado posible usando colmenas y herramientas improvisadas y sencillas. Hay que considerar, como siempre, un aspecto de vital importancia: la capacidad del nido.

De 1.920 a 1.930 muchas de nuestras familias eran colocadas en colmenas provisionales, del tipo British Standard a 10 cuadros de madera, de la anchura de media pulgada. Los pisos y las entre tapas se obtenían de viejas cajas de embalaje; como techo, se usaban hojas de fieltro pluvex. Para evitar inoportunas pérdidas de calor entre el techo y la entre tapa se colocaban bastantes hojas de papel. Como última operación, en otoño, cada colmena era abrigada con hojas de fieltro añadido para reducir la humedad. Nunca he podido observar una significativa diferencia en la cantidad de miel producido por estas familias y aquellas colocadas en colmenas con doble abrigo WBC. Desde este punto de vista, las colmenas provisionales eran perfectamente satisfactorias.

Con la difusión de la abeja italiana, después del final de la primera Guerra Mundial, la apicultura de nuestro país anduvo hacia una nueva época de prosperidad. Esta misma era el resultado de un cambio de perspectiva y de la adopción de metodologías apícolas más modernas. Fue ampliamente aceptado que la prolífica abeja italiana requería un espacio de cría mucho más amplio respecto de un nido British Standard a 10 cuadros. Además, para hacer rentable la apicultura es necesaria una despiadada simplificación en el proyecto y en la construcción de la colmena y sus herramientas. La elección entre colmenas con pared individual o doble no admitía discusión: era inevitable estar a favor de la primera. Menos fácil fue determinar la cantidad de espacio necesario para la cría, decidir si era mejor la predisposición en una única amplia unidad o en dos más pequeñas. La mayoría de los apicultores más innovadores prefirieron la colmena Langstroth. Pero una sola caja Langstroth, aunque considerablemente más amplia respecto a una caja British Standard, para una reina prolífica era aún demasiado pequeña. Nosotros no elegimos usar doble nido de cría, como es típico en América. En realidad, si aplicáramos esta técnica, no se apreciaría ninguna ventaja real del Langstroth sobre el British Standard: En ambos casos se tendrían que inspeccionar 20 cuadros. Además, como la experiencia demostró ampliamente, el espacio entre dos nidos resulta ser una barrera para la reina, con el resultado de que, aunque el espacio de cría esté disponible, el área de cría efectiva difícilmente correspondería con aquella utilizada cuando ninguna barrera impide el movimiento de la reina. Nuestra elección final, debido a estos motivos, consistió en un nido que contenía doce cuadros Dadant modificados. Una caja de este tamaño es cuadrada y mide 19 y 7/8 pulgadas, por 19 y 7/8 pulgadas, y 11 y 7/8 pulgadas de profundidad. Las medias alzas tienen la misma medida, pero con una profundidad solamente de 6 pulgadas como soporte a 10 cuadros menos profundos.

Nuestra colmena difiere respecto al esquema americano en una cantidad de elementos de relieve. Los ejes del fondo de nuestras colmenas se extienden en profundidad en una sola pulgada y prevén una inclinación de la parte trasera hacia la delantera para impedir la entrada de lluvia y para facilitar la limpieza de todo lo que cae en el fondo de una colmena. La parte superior esta acanalada, y posee un saliente de 3/8 pulgadas, que se reduce hacia el interior y mantiene el nido bloqueado en su posición. A diferencia de los modelos americanos, en los nidos y en las medias alzas, el espacio para las abejas está debajo de los cuadros. El espacio Hoffman nunca me gustó. Usando un especial perno, colocando cuatro por cada cuadro en la colmena, fue considerado como la mejor manera para optimizar el espacio. Desafortunadamente, este particular perno no se vuelve a encontrar, y actualmente se usan unas arandelas con tornillos de 5/16 pulgadas de diámetro. Tanto los pernos como las arandelas ofrecen un mínimo punto de contacto, y de esta manera facilitan enormemente la remoción de los cuadros para las inspecciones. En el caso de las medias alzas, el espacio entre cuadros es obtenido con una serie de incisiones que mantienen en posición las extremidades de los bastidores superiores. Encontramos esta innovación muy satisfactoria bajo todo punto de vista.

Si damos gran importancia a la simplicidad, el mismo valor le damos también a la construcción sólida y resistente de cada componente de la colmena, sobre todo en la composición de los cuadros. Según mi opinión, cada intento de economizar en esta dirección es un grave error. Seguramente, no hay nada que irrite y que haga perder más tiempo que los cuadros que se desarman o que no duran un número mínimo de años. Lo mismo aplica para las partes de la colmena que se deterioran antes de tiempo.

Como se ha comentado anteriormente, la capacidad del nido es solamente un factor que está relacionado con la cantidad de miel que una familia puede recolectar. Un nido que limita el potencial de deposición de una reina, inmediatamente impedirá el alcance de la máxima fuerza de la colonia y, necesariamente, reducirá en la medida correspondiente la efectiva cantidad de miel que aquella particular colmena podría producir. Se puede, por tanto, afirmar que la restricción de la capacidad de poner de una reina, asentada por ejemplo en un nido con diez cuadros British Standard, inevitablemente implica una nivelación de la fuerza de la familia y de su propia capacidad de acumular miel. En tales casos, se impide una prestación que alcance el máximo potencial, y al mismo tiempo se irá también perdiendo la posibilidad de estimar y evaluar los objetivos de una cría selectiva. Además, en estos casos, debido al espacio de cría limitado, se producirá una cantidad desordenada de intentos de enjambrazón, que como resultado tendrá una posterior merma de la capacidad potencial de acúmulo de miel de cada familia. En realidad, no hay duda de que muchas de las insatisfacciones por el uso de variedades de abejas con grandes potenciales se pueden reconducir si los apicultores son capaces de percibir y valorar factores esenciales como la amplitud del nido.

Tengo que confesar que en 1.923 no era consciente de estas consideraciones vitales y de tan amplia importancia. Mi elección de una colmena que contenía en el nido doce cuadros Dadant modificados se apoyaba exclusivamente en consideraciones técnicas. En realidad, los expertos más competentes y respetados en aquella época me pronosticaron un horrible fracaso en el uso de una colmena de aquel tamaño, en particular en los brezales de Dartmoor, para recolectar miel de erica calluna.

Llegué a aceptar algunas posibles desventajas en relación a los beneficios esenciales que un nido individual, grande y compacto, me podía proporcionar. A partir de aquí, los resultados alcanzados demostraron rápidamente que aquellas buenas personas no habían conseguido imaginar un potencial tan inesperado para todos, porque sus previsiones estaban basadas sobre las limitaciones de la vieja abeja inglesa: si nosotros hubiéramos colocado aquella abeja en colmenas a doce cuadros sus previsiones sí se hubieran cumplido, sin lugar a dudas.

Es fácil entender que una transformación tan radical no podría justificarse sin haber experimentado durante algunos años. Los argumentos y conclusiones más convincentes que afectan a todos los aspectos prácticos de la apicultura necesitan ser confirmados con resultados concretos. Con la intención de obtener los datos comparativos que deseábamos, en el verano de 1.924 transferimos la mitad de las familias de nuestros apiarios en colmenas con doce cuadros Dadant modificados. Las otras veinte colonias quedaron en los cuadros British Standard con dobles nidos. El verano de 1.924 fue un verano poco generoso, pero conseguimos llevar a término la sustitución de las cajas sin grandes dificultades. El verano siguiente se reveló excepcionalmente bueno. Los resultados conseguidos, comparando las familias en cuadros British Standard y aquellas colmenas con cuadros Dadant modificados, fueron asombrosos. Las colonias en las colmenas Dadant modificados superaron nuestras más optimistas previsiones, no solo desde el punto de vista de toda consideración práctica, sino, sobre todo, por la diferencia sustancial en el extra de cantidad producida. En un brezal, la recolección fue prácticamente el doble respecto a las colmenas más pequeñas, resultado confirmado en los años siguientes. Estos test comparativos, que incluían 120 familias, la mitad de las cuales eran sobre cuadros British Standard y la otra mitad sobre cuadros Dadant modificados, colocadas en tres localidades distintas, fueron obtenidos por un periodo de cinco años. Al término de este periodo, las imponentes ventajas de las colmenas más amplias fueron corroboradas sin lugar a contradicción. El cambio final de todas nuestras familias hacia las colmenas con doce cuadros Dadant modificados se culminó en 1.930.

En los años en los cuales estábamos llevando a cabo este tipo de experimentaciones comparativas, se opinaba en nuestra isla que el mejor resultado se conseguía solamente con una abeja moderadamente prolífica, colocada en un nido individual del tamaño de la British Standard. En realidad, entre los apicultores se defendía aquello de: "Queremos miel, no abejas". Evidentemente, un sofisma del peor tipo posible, dado que sabemos que una familia de gran tamaño, en relación a su población, recolecta mucha más miel del mismo número de abejas colocadas en dos unidades distintas separadas. Todavía, para que esto pueda ocurrir, hay que tener en cuenta una importante consideración: tiene que haber un adecuado equilibrio entre abejas obreras y población procreadora. Por otro lado, hay obviamente variedades, en particular de la raza italiana, que se reproducen demasiado y que destinan la mayoría de la miel en la producción de cría.

En Buckfast siempre hemos seleccionado nuestra variedad con el objetivo de combinar la alta reproducción con un correspondiente grado de frugalidad. No podemos esperar conseguir la máxima cosecha de miel sin tener familias de mucha fuerza. Por otro lado, colocar una reina de fertilidad excepcional en una colmena con un tamaño limitado significa buscar complicaciones y dificultades. Demasiado a menudo se echa la culpa a una determinada variedad de abeja, mientras en realidad la culpa es del apicultor.

Las colmenas que hemos elegido sirven a nuestros intereses de una manera admirable. Aún hoy, no me gusta dar la impresión de recomendar el uso general de las colmenas que nosotros utilizamos: las colmenas a doce cuadros Dadant modificados puestas en venta por la mayoría de los revendedores. Ante todo, como hemos observado, una buena cosecha puede ser obtenida con cualquier tipo de colmena, aunque no todos los tipos de colmenas satisfagan el requisito de ser prácticas y hacer ahorrar tiempo. Una observación final: una colmena del tamaño de aquellas que nosotros usábamos, en el momento que no sean habitadas por reinas de la máxima calidad y de variedades excelentes, llevará exclusivamente a infinitas complicaciones.

4. El colmenar

Cuando buscamos el lugar donde colocar un apiario, damos gran importancia al hecho de que esté ubicado hacia la cara sur, hacia el sol, y abrigado de los vientos. Una eficaz protección del viento es muy útil, pero hay que evitar un lugar demasiado cerrado, con poca o ninguna circulación de aire. Cuando hemos tenido un apiario mal ubicado, nos hemos visto obligados a abandonarlo porque no era adecuado para las abejas. De la misma manera, hay que evitar lugares húmedos donde se acumula el frío. Otro factor importante es la accesibilidad al colmenar. Algunos de nuestros lugares están continuamente en uso desde el 1.920, mientras otros han resultado inapropiados y han sido abandonados en pocos años: encontrar un lugar apto no es fácil.

La experiencia ha demostrado que la manera en la cual los colmenares son colocados influye en el bienestar de las abejas y en la cosecha obtenida. Por algunas razones inexplicables, las colmenas son colocadas en filas, con las piqueras colocadas todas en la misma dirección. También nosotros al principio adoptábamos esta disposición convencional, pero pronto nos dimos cuenta de los graves inconvenientes y desventajas que tal disposición inevitablemente conllevaba.

Cuando no se usan determinadas marcas para distinguir claramente una colmena de otra, las abejas no reconocen a su familia rápidamente. Por ello entran, o intentan entrar, en la colmena equivocada. Durante el flujo de néctar son acogidas abejas de diferentes colmenas sin obstáculos, pero en las épocas de pillajes son atacadas y si no consiguen escapar, las matan.

Todas las abejas están sujetas a deriva, aunque haya marcadas diferencias entre varias razas y variedades. Se podrá quizás cuestionar: ¿qué importancia tiene si una abeja es recibida de otra colmena respecto de la que es su casa habitual? Desafortunadamente, cuando existe alguna enfermedad, la deriva es la manera más rápida y común para su propagación de una colmena a otra. La deriva es, sin lugar a duda, igualmente responsable de las pérdidas de muchas reinas. Como consecuencia, las familias en las cuales se reanudan abejas por deriva, es decir, aquellas colmenas que están colocadas al término de las filas, no consiguen producir una cantidad correspondiente a su fuerza. Esto se debe a un desequilibrio y a la falta de armonía en las composiciones de tales familias. Por tanto, como ya se ha observado, cuando hay deriva sin considerar su origen, no se pueden llevar a cabo test fiables y tampoco evaluar las prestaciones de cada familia.

Hay un cierto número de adaptación con el cual se puede reducir la deriva, pero nunca se llega a reducirla del todo. Nosotros preferimos posicionar las colmenas en grupos – cuatro por cada grupo –, donde la piquera de cada colmena está orientada hacia un punto cardinal distinto. La tradición marca que las colmenas estén colocadas hacia sur o sureste, pero nuestra experiencia nos ha demostrado que la dirección que cada colmena toma no crea la mínima diferencia en cantidad de miel que una familia puede recolectar. Más bien, hay ventajas en colocar las colmenas hacia el norte, porque aquellas familias en otoño y en invierno estarán más tranquilas.

La disposición de las colmenas en grupos posee un cierto número de ventajas que permite ahorrar tiempo y energía. Las colmenas apoyan en dobles bases, con un espacio de 8 pulgadas más o menos entre colmenas: esto, durante la inspección, nos permite usar la colmena más cercana como base para apoyar techo, entre tapa, alimentador y alzas. La base de la colmena apoya en una plataforma de hormigón de la cual salen cuatro pernos de latón, que corresponde al centro de las cuatro patas de la base de la colmena. Estos pernos se encajan en las patas, garantizando así un firme sustento al soporte. La extremidad superior del nido está aproximadamente a dos pies del suelo, una altura apta para conducir una inspección con el mínimo esfuerzo. Las dos parejas de colmenas que forman el grupo son posicionadas a una distancia de 28 pulgadas.

Hasta 1.930 colocábamos más o menos 100 colmenas en cada apiario, pero ahora, a causa de una mayor actividad agrícola, por un lado, y el uso de colmenas más numerosas por otro, nos parece que el número máximo para obtener los mejores resultados es cuarenta. Ha sido una sorpresa notar que donde hay un número considerable inferior de familias en la recolección de miel no hay ninguna diferencia significativa.

5. El objetivo de la apicultura

Para poner la apicultura de Buckfast en su justa perspectiva, es necesario subrayar que el Devon meridional para las abejas no es un paraíso: nuestra media anual de lluvia no baja de menos de 65 pulgadas, y es una de las cantidades mayores de lluvia de las islas británicas. La perentoria necesidad de colonias excepcionalmente fuertes, que sean capaces de favorecer la máxima ventaja del flujo de néctar cuando este último se verifica, es una necesidad primaria. Con metodologías aproximativas en esta área no se puede esperar conseguir cosechas satisfactorias: en estas condiciones ambientales puede resultar provechosa solamente la forma de apicultura más intensiva.

Así, si nuestra apicultura es por necesidad conducida en líneas intensivas, está al mismo tiempo basada sobre las metodologías de gestión más sencillas y elementales. Manejos dudosos, así como cada intervención que no sea necesaria, han sido eliminados. En realidad, es sorprendente conocer lo escasas que son las herramientas que tenemos que utilizar, aquellas que han tenido una influencia positiva sobre el bienestar y la prosperidad de una colonia, y su consecuencia sobre el resultado económico. Si lo analizamos, todos nuestros esfuerzos e intentos se reducen a un manejo cauteloso y respetuoso que facilita las necesidades de una colmena. Cuando las colmenas eran todavía colocadas en las cestas de mimbre, el apicultor era conocido como "el amo de las abejas". Ello se justificaba en el hecho de que era el que, en aquel tiempo, decidía sobre la vida o muerte de las abejas al final de la temporada. Nosotros nunca hemos querido tener tal dominio sobre la abeja de miel. Por naturaleza, ésta es salvaje y en cada momento seguirá sus instintos sin equivocarse o perderse. Depende de nosotros entender sus sistemas y adaptarnos a su naturaleza, que es verdaderamente maravillosa, sin buscar alcanzar el imposible cometido de "dominarla", sino intentando hacer todo lo que está en nuestras manos para favorecer lo que ella necesita.

Es fácil comprender que, a lo largo de los años, y gracias al contacto diario con las abejas, el apicultor profesional conquista de necesidad el conocimiento y una profunda comprensión de los misteriosos caminos de las abejas, habitualmente negadas a los científicos de laboratorio y a los aficionados que poseen unas pocas colonias. En realidad, una limitada experiencia práctica llevará inevitablemente a puntos de vista y conclusiones que a menudo son completamente distintas de los resultados de naturaleza ampliamente práctica. El apicultor profesional es empujado en cualquier momento a evaluar las cosas de manera realista, y a quedar expuesto frente a cualquier problema que encuentre. También está obligado a basar sus propias metodologías de manejo sobre los resultados concretos, y deberá saber claramente distinguir entre lo esencial y lo no esencial.

Una cosa es cierta: ninguna persona que obtiene su medio de sustento de la apicultura, dejará de sacar plena ventaja de cada truco o manejo que vaya fundamentalmente orientado a aumentar la producción de cada colonia y al incremento de los resultados totales. Creo que, en los últimos sesenta años de comprobar muchos procedimientos apícolas, en determinados momentos los manejos más radicales sobre la organización de una colmena eran considerados necesarios para un buen éxito, pero el tiempo y las experiencias han demostrado inequívocamente que el apicultor debe respetar los comportamientos altamente organizados de las abejas, y si quiere empujarlas hacia sus intereses, tiene que dirigirles la debida atención. Una cosa parece bastante clara: las medidas a través de la cuales el apicultor profesional se asegura los mejores resultados posibles tienen, ipso facto, que demostrarse igualmente aplicables también en aquellas circunstancias donde haya pocas familias.

Aunque haya apicultores que crían abejas por afición y por pasatiempo mientras otros lo hacen para sacar su propio sustento, todos tienen presente un único objetivo: recabar la miel de sus colonias. Cada esfuerzo nuestro como apicultores tiene que estar subordinado al fin de producir la mayor cantidad posible de miel. Además, los apicultores no miden su propio éxito con cosechas excepcionales, que ocurren bastante raramente: el verdadero nivel de sus éxitos es determinado por la cosecha media por colonia en un determinado número de años.

Esta es la norma de la Media Aurea. Pero uno de los objetivos de una alta cosecha media por colmena es facilitar una serie de cuestiones: en primer lugar, se trata de desarrollar una variedad de abeja que tenga la capacidad de favorecer a nuestro propósito. Nos hemos detenido en la cuestión importantísima de seleccionar abejas, el corazón y punto cardinal de la nuestra apicultura. Todo aquello que nosotros hacemos en nuestros colmenares durante el año completo está subordinado a este importantísimo aspecto: seleccionar una abeja que posea las características que le permita alcanzar el objetivo que nos hemos prefijado. Para ayudar a esta abeja a alcanzar nuestro objetivo tenemos por tanto que proceder a gestionar la temporada apícola adaptada a sus particulares necesidades.

Segunda Parte

La gestión anual

En el capítulo anterior nos propusimos pasar revista a algunos de los principios basilares que constituyen el fundamento de la apicultura Buckfast. Esos principios han sido verificados y profundizados desde la experiencia práctica de una apicultura que se ha desarrollado en un periodo alrededor de sesenta años. Tal experiencia ha sido alcanzada en la dura escuela de la apicultura aplicada, día tras día, y en una circunstancia insólitamente difícil desde el punto de vista climático. Las precipitaciones excepcionalmente intensas de nuestra particular región del Devon, con su media de 65 pulgadas anuales, encuentran inevitablemente un reflejo en los problemas y en la incertidumbre que se da en la producción de miel: las grandes esperanzas en la primavera se esfuman numerosas veces por causa de veranos complicados, y el laborioso desarrollo de las colonias durante el verano es a menudo impedido cuando el brezo, a causa del continuo mal tiempo con cielo siempre cubierto, lluvioso y húmedo, no permite la producción de miel. A pesar de esta climatología, el trabajo empieza en la primavera, y sistemáticamente procede hasta el otoño. Optimismo, paciencia, perseverancia y esperanza son algunas de las cualidades que un apicultor tiene que poseer

En este capítulo serán descritas las distintas fases de nuestro método para gestionar a las abejas en las diferentes estaciones del año.

1. Primavera

a. Primera inspección de las colonias

Desde el comienzo de octubre hasta el final de febrero, las abejas son dejadas a su destino. Esta época trascurre por entero sin una sola visita a ninguno de los colmenares. En otoño, cada colonia es abastecida con una cantidad suficiente de provisión, prevalentemente miel, para garantizar su supervivencia hasta la mitad de abril. Las cajas y los techos de las colmenas están firmemente ancladas en posición gracias a un hilo metálico clavado a un soporte de la colmena, de manera que ante las más furiosas tormentas invernales puedan resistir sin tener que preocuparnos. Hacia el final de febrero, o poco después, en cuanto las condiciones climatológicas lo permiten, se empiezan las operaciones de limpieza de los fondos de las colmenas, efectuando una rápida evaluación de las condiciones de cada familia.

Ya recordé que la mayoría de nuestros apiarios se componen de cuarenta familias, y como consecuencia tenemos de repuesto igual cantidad de fondos de colmenas. Cada mañana, si el tiempo lo permite, se inspecciona un apiario y los fondos de las colmenas son sustituidos por otros limpios. Estos fondos son limpiados y cepillados en casa con agua caliente con detergente, y puestos a secar por la noche. Normalmente, hacia la mitad de marzo esta operación está completada. A partir de esta época ya hace suficiente calor para poder controlar cada familia en profundidad; nosotros aprovechamos esta oportunidad para eliminar los cuadros que no están cubiertos de abejas. Tomamos nota del número de cuadros que cada familia cubre, y a partir de estos datos evaluamos la fuerza media en general. De tal manera sabemos con tiempo qué colonias necesitan ayuda; de la misma manera sabemos también evaluar las familias más fuertes que pueden ser usadas para sacar cuadros de cría.

b. Nivelación

Igualar significa intentar llevar a todas las colonias del colmenar (o de los colmenares) al mismo nivel de fuerza, de manera que, a una fecha establecida, al principio de la primavera, todas las familias empiezan la temporada al mismo nivel. Naturalmente, evaluar la fuerza de una colonia es una operación que necesita un ojo experto, un arte que se puede aprender fácilmente. En otras palabras, se puede decir que la capacidad de organizar a las familias podría ser considerada la característica que diferencia al apicultor experto.

La razón por la cual insistimos en la importancia de igualar no es consecuencia de un sentido del orden y de metodología, sino la conciencia de la importancia que esto tiene para el desarrollo general de las colonias y sus prestaciones. Además de las ventajas económicas que esto conlleva, hay otras ventajas prácticas: cuando todas las familias de un colmenar tienen una fuerza uniforme, el colmenar puede ser gestionado como un conjunto. Si una colmena necesita mayor espacio, todas las demás se encontrarán en condiciones análogas, y esta uniformidad simplifica inmensamente la gestión. Cuando se dedica la atención a muchos apiarios y a un gran número de colonias, no hay nada más esencial que el cuidado de las colonias que tienen fuerza por debajo o encima de la media. Las primeras, abandonadas a sí mismas, casi nunca consiguen alcanzar toda su fuerza en tiempo para la melada; las segundas, al revés, normalmente desperdician sus fuerzas enjambrándose, sin conseguir llegar al máximo nivel durante el flujo de néctar. Como ya se indicó, las observaciones teóricas confirmadas desde la experiencia práctica han enseñado claramente que la fuerza general para el momento del flujo de néctar será notablemente mayor en el caso en el que esto no se haya dado.

La igualación, como aquí la presentamos, puede ser ejecutada con éxito solamente en el momento en que el apicultor posea más de un apiario. Entonces, las abejas pueden ser transferidas a un apiario distinto, impidiéndoles volver a sus casas originarias. Si es conducido de esta manera, sobre los resultados de la igualación no cabe la menor duda, y éstos pueden ser determinados con exactitud. Pero si las abejas están todas en un único lugar, la igualación tiene que ser retrasada hasta tener una abundancia de abejas juveniles, dado que éstas no conseguirían volver a su destino de origen. Incluso en tal circunstancia, la igualación, para garantizar el éxito, tendrá que ser conducida con mayor cautela y circunspección, porque el número de abejas que quisiera volver a la colonia originaria no puede ser determinado con exactitud.

Antes de remover en las colonias con mayor fuerza un cuadro de cría con abejas, es naturalmente indispensable individuar la reina. Por esta razón, desarrollamos nuestra sustitución anual de la reina en el mismo momento de la igualación de las colonias. Es inevitable que se tenga que individuar el mayor número de reinas, de manera que ambas operaciones puedan ser desarrolladas en el mismo momento, garantizando así un considerable ahorro de trabajo.

c. Sustitución de la reina

A pesar de que nosotros sustituimos a las reinas cada vez que lo entendemos necesario en cualquier momento de la campaña (se hablará de este tema más adelante), por diversos motivos, algunos de los cuales mencionamos antes, procedemos a la sustitución de las reinas en primavera. Para empezar, diré algunas palabras sobre la metodología que hemos adoptado.

Normalmente invernamos una amplia reserva de jóvenes reinas en nuestra estación de apareamiento, situada en el corazón de los brezales de Dartmoor. Las reinas salen del invierno en núcleos de cuatro cuadros Dadant modificado reducido a la mitad de un cuadro normal y correspondiente a la superficie de tres cuadros British Standard. Como consecuencia, antes de ser transferidas a las colonias que producen miel, tienen que superar una difícil prueba preliminar de resistencia en las inclementes condiciones invernales de Dartmoor, a 1.200 pies sobre el nivel del mar.

Cuando procedemos a la sustitución de las reinas y a la igualación, cada mañana empezamos visitando la estación de apareamiento con un número de jaulas para las reinas necesarias en la sustitución de las reinas viejas de la jornada. Estas son de nuestros diseño y construcción, y miden 3,75x 0,5 pulgadas, constituidas con una malla metálica fina de 12 x 12 x 30 pulgadas, cerradas en ambos lados con un pequeño trozo de madera del tamaño de media pulgada. Una de estas dos piezas de madera tiene un agujero de 3/8 de pulgada de diámetro a través del cual se añade a la reina junto a cuatro abejas asistentes, y luego cerrado con una pieza de azúcar sólido. Cuando hemos enjaulado el número necesario de reinas, nos trasladamos para efectuar la sustitución de las reinas. Las viejas reinas de las colonias productoras de miel son enjauladas de la misma manera, y simultáneamente se introducen las nuevas reinas, fijando las jaulas con un hilo de hierro entre los panales al centro del nido. En pocas horas las abejas consumirán la masa de azúcar y librarán a la joven reina. Después, la reina comenzará a poner los huevos como si no hubiera pasado nada. El día que dedicamos a la sustitución de las reinas y a la igualación, si concluye, realizamos un segundo viaje a la estación de apareamiento donde las viejas reinas son asignadas en los núcleos desde los cuales la misma mañana se extrajeron a las jóvenes reinas. Estas viejas reinas quedarán en estos núcleos hasta el final de mayo, cuando serán eliminadas para dejar sitio a las reinas vírgenes según los programas de cría del año. Esta metodología es repetida cada día hasta que todas las colmenas productoras de miel obtengan nuevas reinas y sean igualadas. Cada año se realiza la sustitución de las reinas respectivamente en dos tercios de toda la explotación.

La metodología que acabo de describir suscita inevitablemente una serie de preguntas: en primer lugar, ¿por qué la sustitución general de las reinas se realiza en primavera y no en julio, cuando están disponibles las jóvenes reinas de la misma temporada?, Y luego, ¿cómo puede ser que en muchas colonias se pueda sustituir a las reinas sin temor a que las mismas se pierdan? Estas y más preguntas pueden encontrar una válida respuesta considerando los principios en los que se basa la introducción de una nueva reina.

d. Introducción de la reina

La reina es, obviamente, el pilar del bienestar y de la productividad de una colmena. Con la sencilla introducción de una joven reina somos capaces de renovar el principal motor vital de una colonia – en realidad, disponemos de la capacidad de rejuvenecer y mantener una colonia perennemente joven y al máximo de su capacidad productiva. Cuando tengamos intención de conseguir una alta media de cosecha por colonia, es esencial tener una metodología fiable para una alta aceptación de las reinas. En realidad, yo considero la cuestión de la introducción de las reinas uno de los pocos aspectos importantes y uno de los puntos cardinales de la apicultura moderna.

Mi punto de vista y mis conclusiones sobre el argumento de la introducción de las reinas son más bien conocidas. Fueron escritas hace más de treinta años, y publicadas extensamente en 1.950. Un resumen fue enviado al Congreso Internacional de la Apicultura que hubo en las termas de Leamington. En los años transcurridos no salió ninguna prueba contraria que haya invalidado mis conclusiones. Mientras tanto, hemos sido capaces de testar también la interacción entre casi todas las razas y los cruces de abeja conocidas, de los cuales anteriormente no teníamos experiencia.

Dicho brevemente, es mi opinión que la aceptación de una reina no sea determinada, como hasta entonces se había sostenido generalmente, por el "olor de una colonia", sino de un comportamiento: una reina del todo madura, que haya puesto por una cantidad de tiempo considerable, ha perdido su nerviosismo inicial y se comporta de manera calmada y tranquila. Cuando estén presentes estas condiciones, la aceptación está asegurada, independientemente de las precauciones que en general se consideren esenciales. El olor u "olor de la colonia" – suponiendo que algo semejante exista, y sobre esto tengo mis dudas – no tiene ninguna importancia para que una reina sea aceptada. La condición esencial que asegura la aceptación o el rechazo es, en última instancia, el análisis del comportamiento de la reina. El comportamiento de la reina es a su vez dependiente de sus condiciones en el momento que es liberada.

Es imposible discutir aquí en detalle las consideraciones teóricas, extremadamente interesantes de las hipótesis que acabo de exponer: en esta ocasión mi preocupación principal se dirige a las consideraciones prácticas y a la aplicación de mis suposiciones. Para asegurar una mejor comprensión de los problemas relacionados con este argumento, tengo que subrayar que los dos términos, "olor de la colonia" y "olor de la colmena" son a menudo considerados la misma cosa.

Mientras una cantidad de eminentes científicos asegura en cualquier circunstancia conocer exactamente los orígenes del "olor de la colonia", estos descubrimientos desafortunadamente no han encontrado ninguna confirmación en el sector de la experiencia práctica. De hecho, no tenemos ninguna prueba positiva de la existencia de "un olor de la colonia". Si hubiera "un olor de la colonia", estaría necesariamente basado en factores hereditarios. Teniendo presente todas las notas y reacciones de las colonias, solo hay que reflexionar un momento para comprender que esto es imposible. Una cosa parece ser cierta: "el olor de la colonia" – si algo parecido existe – no tiene nada que ver, de nuevo, con la aceptación o rechazo de la reina.

Por otro lado, "el olor de la colmena", basado en la combinación de los olores que provienen de los panales, cría, miel, polen, propóleos, es una obvia realidad. Pero la diferencia entre una colmena y otra, en el mismo lugar y en mismo medio, difícilmente puede tener alguna relación con la aceptación de la reina. En realidad, sabemos que no tiene nunca ninguna.

Sostenido desde la experiencia de toda una vida, estoy firmemente convencido de que, a pesar de la metodología utilizada para introducir una reina, el factor que determina la aceptación o el rechazo durante la introducción es, principalmente y en primer lugar, el comportamiento de la misma. El comportamiento de la reina, a su vez, depende de las condiciones en las cuales se encuentra en el momento en el que es liberada.

Una reina virgen o una reina recién fecundada, normalmente está extremamente nerviosa y huye fácilmente. La mínima molestia, como la mínima revisión de la colmena, puede poner en riesgo su vida. En el transcurrir de pocas semanas, después de que la reina comienza a poner, en su comportamiento se manifiesta una radical transformación. Sus movimientos se vuelven más reflexivos y calmados. Desde el momento en que es rodeada de sus acompañantes, cuatro o cinco semanas después que empieza a poner, habrá alcanzado su primer estadío de madurez, pero su máxima capacidad de poner huevos no la alcanzará todavía hasta el año siguiente. En su comportamiento no se manifestarán ulteriores modificaciones significativas. La época indicada para el alcance del primer grado de madurez, es decir, desde cuatro a seis semanas, tiene que ser prolongado en el caso de determinados híbridos o de un nerviosismo innato del individuo. Dos meses, según mi experiencia, parece suficiente, en cualquier caso. La abeja negra de la Europa occidental, y especialmente aquella del sur de Francia y de las variedades ibéricas, resultan, desde este punto de vista, las más intratables.

He usado el término convencional "introducción", pero el procedimiento refiere a un "cambio" o "sustitución" de una reina por otra. No prevé ninguna fase de adaptación preliminar, o de "adquisición del olor de la colonia", antes de que la reina sea liberada. Una reina sustituida en el momento de la liberación volverá inmediatamente a su actividad normal, sin prestar atención al nuevo entorno que la rodea – como una abeja pecoreadora que vuelve del campo cargada de polen o néctar, no encontrando su colmena original, entra y sigue en su nuevo entorno, exactamente como si hubiera entrado en su vieja colmena. Una reina de sustitución es aceptada como la justa madre de una colonia solamente en virtud de sus condiciones y de su comportamiento.

Tendría que ser fácil comprender que las reinas que no estén en condiciones de poner, como aquella que puede llegar por correo ordinario, no pueden ser añadidas sin más en una colmena. Nosotros introducimos a estas reinas antes en pequeños núcleos, constituidos principalmente de abejas jóvenes, y antes de liberarlas las tenemos segregadas durante veinticuatro horas. Cuando son otra vez capaces de poner, pueden ser transferidas a familias más grandes.

Desde mi punto de vista, en la apicultura moderna no existe un factor más desafortunado y grave que la pérdida de preciosas reinas, favorecido en cualquier caso por las metodologías de introducción que son comúnmente recomendadas. Además, hay otro aspecto de la introducción que no debe ser ignorado: demasiado a menudo las reinas que son mal aceptadas sin que el apicultor se dé cuenta– quizá porque vengan marcadas estas reinas de una u otra manera – sufren agresiones considerables y en el plazo de pocas semanas o meses deben ser sustituidas. De la misma manera, muchas reinas no sufren heridas visibles, pero son no obstante dañadas, con el resultado de que las relativas colonias no prosperan y no consiguen alcanzar la esperada productividad. En realidad, una colmena guiada por una reina en dificultad no tiene un gran valor práctico, y, de hecho, las reinas de este tipo son a menudo el principio de problemas sin fin.

e. El momento de la sustitución de la reina

Podemos volver a considerar alguna cuestión sobre la sustitución de la reina que surgió anteriormente. Respecto a lo que se ha dicho sobre la introducción de la reina, podemos contestar con mayor facilidad.

Hemos sostenido que una reina en el año que nace no llega a producir como en el año siguiente, cuando alcanza su pico máximo de desarrollo. Por lo tanto, si es posible, no haremos nunca uso de las jóvenes reinas en el año en el cual han nacido. Normalmente, se considera que las jóvenes reinas son necesarias para asegurar una sana capacidad de invernar de las familias, además de ser necesarias para formar colonias fuertes y para obtener los mejores resultados en los brezales. Esta creencia sin duda tiene sentido cuando una familia es guiada por una reina vieja o débil, pero todas nuestras experiencias han demostrado que las colmenas más pobladas, con el máximo vigor de las abejas en el campo para recolectar néctar de brezo, son guiadas por reinas en su mejor edad, es decir, en el año siguiente a su nacimiento. Naturalmente, si en algún momento una familia se queda sin reina (huérfana), o se encuentra con una reina débil y nuestras reservas de reinas del año anterior se han acabado, usamos en este caso reinas recién fecundadas.

Las ventajas de la sustitución de la reina en primavera son talmente numerosas para eliminar las objeciones que se pueden argumentar contra el esquema aquí planteado. Se consideran algunas de las ventajas:

a) La sustitución de la reina se realiza contemporáneamente a la igualación, en una época del año en la cual ninguna otra faena importante necesita nuestra atención;

b) Dado que en esta época del año es muy fácil individuar a las reinas, el trabajo requerido es reducido al mínimo;

c) La sustitución de la reina se efectúa sin crear ninguna molestia o interferencia a la colonia;

d) No hay pérdidas, y las reinas son aceptadas sin sufrir ninguna agresión.

Hemos efectuado la sustitución de las reinas según estos principios desde 1.930. La invernada de una amplia reserva de jóvenes reinas parece, en un primer momento, un gasto de herramientas, abejas y miel, con una manutención y rentabilidad sin garantía de amortización. Pero no es así, por que los núcleos son casi autosuficientes y nos permiten testar a las reinas en un test preliminar antes de que en primavera sean transferidas en las colonias productoras de miel. Así, nos permite eliminar desde el principio cada reina o cada posible linaje genético de reinas que no han resultado completamente satisfactorias. Pero, sobre todo, esta reserva de reinas nos permite efectuar la sustitución en un periodo del año en el cual se necesita el mínimo esfuerzo y tiempo, y cuando la aceptación es teóricamente infalible, con una posibilidad altísima de que las reinas dañadas resulten igual a cero.

Todo esto que acabamos de decir hasta ahora presupone la posesión de un cierto número de colmenas o de numerosos apiarios, y parecerá bastante lejano para el típico apicultor aficionado. Permitidme, entonces, repetir una vez más que en este libro estoy intentando exponer los principios de la apicultura describiendo la metodología que hemos desarrollado en Buckfast: estos principios se fijan como válidos, aunque su aplicación en la práctica individual puede variar.

f. Reunión

No puedo concluir esta sección sin decir algunas palabras sobre la reunión, o más precisamente sobre la transferencia de las abejas desde una colonia a otra cuando se cumple la operación de igualación. Sin duda, muchos lectores ya pensarán en el riesgo de que las abejas luchen entre ellas respecto al "olor de la colonia". Aquí también "el olor de la colonia" (si existe) no tiene ninguna importancia en la reunión de las abejas de diferentes colmenas. El factor que determina el éxito es, una vez más, el comportamiento. Cada apicultor sabe que la exposición a la luz tiene en las abejas un efecto tranquilizador, y toda abeja que queda por algunos minutos a la luz se reunirá pacíficamente con las abejas de otras colonias sin necesitad de otras precauciones. Durante todo el año, cuando por cualquier razón sea necesario una transferencia de abejas desde una colonia a otra, para evitar peleas entre ellas usamos exclusivamente la exposición a la luz. Pero cuando manejamos abejas no seleccionadas o razas excepcionalmente nerviosas, es necesaria una atención particular.

Puede resultar útil resumir los principales puntos tratados en esta sección:

a) La afirmación de que "el olor de la colonia" tiene alguna relevancia en la introducción de la reina está, en nuestra opinión, carente de fundamento práctico.
b) El factor determinante para la aceptación de una reina es su comportamiento en el momento en el cual es soltada. Si su comportamiento no genera hostilidad para las abejas, será aceptada sin excepciones.
c) Este comportamiento de la reina depende de sus condiciones y de su edad: si cuando es liberada está madura y es perfectamente capaz de poner huevos, volverá a la deposición como si nada hubiera pasado.

Esta sección sobre la introducción de la reina ha sido particularmente extensa, pero hay que tener presente que afronta un argumento de máxima importancia: cada año, un alto porcentaje de jóvenes reinas mueren al momento de su máximo esplendor por errores cometidos en el momento de la introducción en la colmena. Una metodología infalible para el éxito en la aceptación de las reinas, y que puedan ser aceptadas sin ser heridas, es un prerrequisito esencial para una apicultura de éxito. En la sección de este libro donde se hablará de la cría de abejas reinas se marcará la necesidad prioritaria de reinas de máxima calidad: pero esto sería un esfuerzo desperdiciado si no se pudiera disponer de una metodología completamente fiable para la introducción en las colonias en las cuales las reinas tienen que ser la guía.

2. Verano

a. El crecimiento

En la época en la cual se ha completado la sustitución anual de las reinas, más o menos dos tercios de nuestras colonias son guiadas por reinas jóvenes, es decir, por reinas nacidas en el año anterior y salidas en primavera, la estación de apareamiento en el corazón de los brezales de Dartmoor. Las reinas que en la temporada anterior han dado prueba de ser las mejores, se quedan en las colonias productoras de miel un año más: aquellas que han destacado son colocadas a parte como reproductoras.

Cuando la igualación se ha terminado, todas las familias están generalmente en siete cuadros Dadant modificado. Pero este número varía cada año, dado que la fuerza media de una familia al principio de la primavera está fuertemente determinada por el natural flujo de néctar en Dartmoor en el otoño precedente. Como consecuencia de una total ausencia de floración de erica – algo que podría ser probable en cualquier momento –, las colonias pueden encontrarse en tal condición de debilidad que incluso pone en riesgo su propia supervivencia. En 1.946 tuvimos una temporada de este tipo, con el resultado de que, en la primavera del 1.947, después de la igualación, fueron completadas nuestras familias que cubrían cuatro cuadros escasos. Por otro lado, en esta época del año no es deseable tener colmenas de fuerza excepcional, porque aquí en primavera no hay un importante flujo de néctar. Las familias de media fuerza normalmente registran el desarrollo más satisfactorio y alcanzan el pico de sus fuerzas justo en el momento en que les permiten traer el máximo aprovechamiento del flujo de néctar principal del trébol. En realidad, un fuerte núcleo del año anterior a menudo se desarrolla más rápidamente y recolectará más miel que las colonias que tienen una fuerza fuera de lo normal al principio de la primavera.

Después de la igualación y la sustitución de la reina, las colmenas se dejan tranquilas hasta la mitad de abril. Durante este periodo son confinadas en el número de cuadros que puedan enteramente cubrir. Si se gestiona de esta manera, el desarrollo será más rápido. Y así también será igualmente reducido al mínimo, sino casi excluido, el riesgo de nosema. En la mitad de abril, si el tiempo no fuera del todo favorable, la colonia necesitará de un cuadro más y, dentro de diez días, uno más aún. Esta concesión de espacio añadido es efectuada paso a paso, y al final de mayo o principios de junio, cada familia tendría que ocupar perfectamente los doce cuadros. Todos los cuadros tienen que ser añadidos en la parte lateral del nido, alternativamente al lado del separador y al otro lado del nido. La expansión del nido tiene que hacerse espontáneamente, sin forzar la colmena por nuestra parte. Partir la cría colocando cuadros estirados o láminas en el centro del nido está ampliamente desaconsejado como buena práctica apícola.

La disposición de los cuadros estirados o láminas en las zonas perimetrales del nido, posee distintas ventajas prácticas. Operando de esta manera, las láminas pueden ser añadidas en cada momento según la comodidad del apicultor, sin incurrir en ningún riesgo de dañar las mismas. Cuando son añadidos los cuadros a los lados del nido, las abejas pueden ocupar éstos y desarrollarse según sus necesidades. En realidad, generalmente las abejas estiran las láminas hasta esta época, por lo menos las razas puras. En el caso de los híbridos, nos encontramos con la situación de afrontar un problema distinto: cuando las láminas están colocadas a los lados del nido, estas abejas son más propensas a desarrollar celdas de zánganos de manera excesiva. Pero cuando las láminas son colocadas entre los cuadros del nido, éstas son estiradas sin celdas de zánganos. Debido a la gran importancia de la perfección de los panales, estamos obligados a aceptar una solución de compromiso: las láminas son añadidas en medio del nido y transferidas a los laterales, estiradas. Si se dejan las láminas en el medio del nido se convertirán en una barrera para la reina, con el resultado de que ella tendrá que poner huevos solamente en una parte de la lámina estirada, hasta que no sobreviene un fuerte flujo de néctar. Esta práctica puede ocasionar enjambrazón. Trasladando las láminas recién estiradas a los lados del nido, se evitarán estos problemas que acabo de describir, pero siempre considerando el tiempo que conlleva este tipo de manejo. Obviamente se trata de una solución intermedia, pero en tal circunstancia tenemos que aceptarla. No hace falta decir que, al momento de añadir las láminas, no hay un flujo de néctar, por lo que es necesario alimentar a las colmenas. Todas nuestras familias cada año tienen que estirar, mínimo, tres láminas.

b. El problema de la alimentación

El lector habrá llegado a la conclusión de que la estimulación, independientemente del caso en el cual sirva para terminar de estirar las láminas del nido, en nuestro esquema de apicultura, no tiene sitio. De hecho, es así. Hubo un periodo en el cual, hace muchos años, considerábamos la alimentación estimulante, no sólo deseable, sino esencial. De acuerdo con el uso general, en aquel tiempo también la alimentación sólida tuvo un papel importante en la gestión básica. Desde marzo, las pequeñas dosis de jarabe caliente eran dispensadas en lugar de usar la alimentación sólida. Ahora no practicamos ninguna alimentación, solamente cuando es extremadamente necesaria y, naturalmente, ninguna en absoluto durante los meses invernales.

Consideramos que un amplio uso de la alimentación durante la primera parte de la temporada puede causar el aumento del número injustificado de zánganos. Más tarde, esto provocaría un aumento de la enjambrazón. Hasta 1.936, podíamos contar habitualmente con unos meses de mayo y junio favorables, pero después, con pocas excepciones, ocurría lo contrario. Todavía, a menudo se presentan años de total desánimo, posiblemente más aquí en el suroeste respecto de otras partes de las islas británicas. Cuando no se puede evitar la alimentación, suministramos una dosis importante, en general un galón por cada vez. De esta manera se ahorra una considerable cantidad de tiempo. Además, como siempre ha demostrado nuestra experiencia, la alimentación suministrada en elevadas cantidades resulta mucho más satisfactoria respecto de una alimentación con la misma cantidad de jarabe repartida en pequeñas cantidades.

c. Nuestra forma de alimentar

La cuestión de la manera usada para alimentar a las abejas es importante en el momento en que el apicultor desea ahorrar grandes dosis de tiempo y trabajo. En realidad, sobre los aspectos prácticos y económicos de la alimentación, hemos dedicado muchas reflexiones, y en el transcurrir del tiempo hemos eliminado cualquier paso innecesario, reduciendo a tal punto que difícilmente podría ser simplificado aún más.

Antes de 1.917, contábamos enteramente con la alimentación sólida, en aquel tiempo era la metodología más utilizada. Esta manera de alimentar es sin duda la más costosa que se puede imaginar. Por tal razón, en 1.917 hicimos nuestro el ejemplo americano y empezamos a usar cubos. Usábamos cubos de miel hermético de 28 libras con cierre de tapa y empuñadura: la tapa estaba perforada con muchos agujeros a través de los cuales, cuando el cubo era volcado encima del agujero de alimentación de la colmena, las abejas podían acceder al jarabe. Este fue un gran paso adelante respecto a todos los sistemas de nutrición en uso en aquel tiempo. Estos cubos, por otro lado, tienen una serie de desventajas. Para empezar, la metodología conllevaba, en principio, usar medias alzas para proteger los cubos mismos, y con muchas colmenas en cada apiario resultaba ser inviable desde el punto de vista práctico. Además, por la mañana muy temprano, cuando la temperatura sube repentinamente, los cubos no se vaciaban y como consecuencia, las abejas se veían inundadas del mismo jarabe, mojándolas todas. Esto pasaba invariablemente cuando el nivel del jarabe bajaba de un cuarto o a la mitad del nivel. Además, los minúsculos agujeros que se formaban con el tiempo en los cubos debido al óxido, impedían que se formase el vacío, y el líquido al completo se salía, derramándose entre las abejas y los panales en el momento que el cubo lleno de jarabe se volcaba, posicionado encima de cada colmena.

El culmen lo alcanzamos en 1.932: después de una noche tempestuosa, fuimos a visitar los colmenares y se nos presentó un escenario parecido al caos. Techos y cubos habían sido tirados por el viento, y era imposible obtener información sobre la cantidad que cada colmena había consumido de jarabe. Nos pasó por la cabeza la idea de usar una bandeja, adaptada a la sumidad del nido, que poseyese el mismo tamaño externo y tuviese la capacidad de un galón y medio, más o menos. Este alimentador a bandeja estaba hecho enteramente de madera a excepción de la tapa, que, haciendo de vacío, encajaba perfectamente en la bandeja misma y estaba impermeabilizada gracias a una inmersión en parafina. La entre tapa y techo de las colmenas se encajan perfectamente con el alimentador, manteniendo todo seguro. Los primeros alimentadores de este tipo estaban incorporados a un dispositivo para la alimentación estimulante y rápida, pero este tipo de alimentador era muy lento a la hora de emplearse y poco útil, y hoy en día está abandonado. Cuando la bandeja está casi vacía, las abejas pueden acceder a la misma completamente, permitiendo limpiar hasta la última gota de jarabe. Este alimentador se ha demostrado satisfactorio, sobre todo, en nuestra estación de apareamiento, para la alimentación de los núcleos. En este caso, las bandejas están adaptadas para llevar dos bloques de alimentadores, oportunamente modificados para permitir simultáneamente a los cuatro núcleos tomar el jarabe desde la misma bandeja. Cuando el alimentador está vacío, uno de los núcleos tiene acceso a la bandeja principal para limpiarlo. La introducción de estos alimentadores ha resuelto de la manera más sencilla una serie de problemas que hasta ahora parecían irresolubles.

Hasta el momento de la introducción del alimentador en forma de bandeja, preparábamos el jarabe como era aconsejado tradicionalmente: hervido, era suministrado cuando se templaba. Esto implicaba mucho tiempo y trabajo, y un consumo de combustible sin ventaja alguna. La alimentación con el jarabe caliente, además, tiene una serie de desventajas consistentes, mientras el suministro de jarabe frío posee numerosas ventajas prácticas, sin considerar el ahorro de tiempo, trabajo y del coste del combustible. El jarabe caliente tiene que ser suministrado por la noche para evitar una excesiva agitación y riesgo de pillaje; el jarabe frío provoca una agitación mínima o nula, y entonces puede ser suministrado a cualquier hora del día sin consecuencias; una ventaja importante, cuando se toma en consideración la alimentación de un gran número de colonias.

La preparación del jarabe no podría ser más sencilla – de hecho, simplemente se trata de derretir el azúcar granular en una adecuada cantidad de agua fría. Nosotros lo preparamos con una concentración de 1 pinta de agua por 2 libras de azúcar. Por ello, usamos un tanque abierto, construido con tapizado enteramente de azulejos de cristal, el cual contiene 1 tonelada y media de jarabe, más o menos. Antes se introduce la cantidad de agua requerida, luego se vuelcan el número correspondiente de sacos de azúcar de 1 cwt. Añadido el azúcar en la solución, ésta es mezclada con una pala de acero de 16 pulgadas de anchura, usada exclusivamente para esta tarea, durante 15 minutos. La tarea más importante es no permitir al azúcar depositarse en el fondo, de donde sería complicado extraerlo, dado que tiende a formar una masa densa. Al término de los 15 minutos, el jarabe seguirá de color opaco y aún no estará listo para ser utilizado.

Dejándolo descansar una hora llegará a ser transparente como si fuese hervido. El jarabe es bombeado hacia fuera desde el tanque de mezcla en un barril de 60 galones para ser transportado al colmenar. Para evitar los golpes que los barriles pueden sufrir durante el transporte, disponemos de un especial arnés que mantiene los barriles bien agarrados. Llegados al colmenar, el jarabe viene trasegado en bidones de 4 galones, con los cuales se llenan los alimentadores.

La alimentación con el azúcar parece ser una necesidad inevitable en las condiciones climatológicas que prevalecen en las islas británicas y en gran parte de Europa. Se trata todavía de una medida que usamos solamente cuando estamos obligados a hacerlo. Cuando el tiempo de empleo y el trabajo representan factores importantes, unas herramientas eficientes para la alimentación y preparación del jarabe es imprescindible. Nuestra metodología para alimentar y preparar jarabe, junto al uso de los alimentadores a bandeja, nos permite alimentar 320 colonias, repartidas en nueve apiarios, en el tiempo de 8 horas.

Una alimentación a tiempo con jarabe, a menudo hace la diferencia entre el éxito o el fracaso, hasta incluso el desastre. No cabe duda de que, en la práctica de muchos diletantes, aunque animados con buenas intenciones, la alimentación con el jarabe puede volverse un abuso.

d. Colocación de las medias alzas y sustituciones de los cuadros

Alrededor del 20 de mayo, nuestras colonias normalmente están listas para poderle colocar la primera media alza. Esta misma es añadida antes de que la colmena rellene los doce cuadros. Hemos verificado que, si la colocación de las medias alzas viene retrasada hasta que las colmenas llenen los doce cuadros, se manifiestan síntomas de enjambrazón antes de final de mes. Por otro lado, si la primera media alza viene colocada en cuanto la colonia recubre el noveno cuadro, el desarrollo de la colmena se completará sin ninguna interrupción.

Durante casi veinte años hemos utilizado el excluidor de reina. Incluso hemos concluido que las ventajas ofrecidas sin su colocación eran muchísimo más inferiores respecto a sus desventajas. El excluidor de reina rígido con hilos de hierro, como los que usamos ahora, no impide a las abejas acceder a las medias alzas sin interferir en absoluto, a diferencia de los viejos excluidores de reina hechos en zinc.

Como ya he indicado, todas nuestras colonias tienen que completar en el nido la construcción de, al menos, tres láminas de cera. Sucesivamente, tienen que estirar muchas más láminas en las medias alzas, y precisamente después de una buena cosecha de miel de brezo tienen que reconstruir una media alza completa de láminas de cera.

La renovación de los panales del nido es, sin lugar a dudas, una de las medidas de prevención más eficaz contra las enfermedades – una medida ampliamente olvidada en la apicultura moderna. Con la excepción del ácaro varroa, el origen de muchas enfermedades es trasmitido entre los panales de cera, principalmente los del nido. Tenemos que considerar, además, el progresivo deterioro espontáneo de los panales del nido. La renovación total, realizada únicamente cada cuatro años, según mi opinión, sería la solución ideal, y es además un óptimo recurso para prevenir enfermedades. De hecho, desde hace tiempo utilizamos esta técnica, renovando completamente en una sola operación toda una serie de cuadros del nido de ochenta colonias, siguiendo una rotación de cuatro años.

Todos somos proclives a olvidar que, hasta el momento de la introducción de la colmena con cuadros móviles, la renovación de los panales es algo obvio. Cada otoño, las colonias de mayor peso eran colocadas encima de una nube de humo de azufre, y luego los panales eran destruidos. Podemos afirmar sin temor que, en su tiempo, las enfermedades de las abejas eran menos comunes que hoy en día. La falta periódica de sustitución de los panales de cera – a pesar de la urgente necesidad de higiene y por otros fines prácticos – parece ser uno de los aspectos más vulnerables de la apicultura moderna. Si en un determinado momento del año las abejas y la reina manifiestan una preferencia por la cera vieja, en la cera nueva muestran un entusiasmo y una prosperidad que están ausentes en las colonias que se quedan con panales de cera vieja.

El procedimiento que habíamos adoptado para la total sustitución de los cuadros era la siguiente: en cuanto las familias alcanzaban el pico de su fuerza, es decir, hacia el final de junio, un poco antes de empezar un flujo de néctar, un cuarto de nuestras colmenas era transferido en un set de cuadros constituido de láminas de cera nueva y en colmenas anteriormente esterilizadas. Si en aquel momento del año había una falta de néctar, las colonias recién transferidas en colmenas nuevas eran alimentadas para conseguir estirar completamente las nuevas láminas de cera. Un número suficiente de abejas se quedaban en el nido, que era colocado debajo de la entre tapa, junto con láminas de cera nueva, con una nueva entrada a la colmena. Diez días después, la mayoría de las abejas jóvenes, mientras tanto, habían ya nacido, volvían a la colonia madre y, contemporáneamente, todas las celdas reales presentes en los cuadros viejos eran eliminadas. Doce días después, todas las larvas habían nacido y las abejas que quedaban eran mezcladas en la colonia madre y los panales vacíos, por otro lado, destinados a ser fundidos.

Observamos que el cambio de los cuadros, como lo acabo de resumir, no ofrecía repercusiones negativas en la cosecha del trébol - quizás, más bien al revés – sin embargo, reducía drásticamente la cosecha de los brezos, en tal medida que nos empujó a buscar una alternativa. La causa del fracaso de la falta de cosecha de los brezos era la interrupción de la cría sucesiva en la sustitución. Mientras la interrupción verdadera no duraba más de uno o dos días, la cantidad de cría desarrollada durante el periodo crítico, cuando son criadas las abejas que cosechan el néctar de los brezales, no puede ser igual respecto a una colonia que no ha sido sujeta a molestia de ningún tipo. En otras palabras, no había las abejas necesarias para obtener la máxima cosecha de la miel de erica.

Como a menudo pasa en el mundo de la apicultura, se tenía que encontrar una solución intermedia. Por muchos años ha satisfecho nuestras exigencias la siguiente alternativa: cada año se sustituyen tres cuadros que contienen cera más vieja; éstos, al final de junio, son colocados a los lados del nido - un panal al lado de la parte donde está presente el nido y los otros dos hacia la parte más lejana al nido. La siguiente primavera, o en cuanto sea posible, estos cuadros son extraídos de la colmena y fundidos. La desorganización debida a la recolocación de los cuadros, a final de junio, puede quizá dar lugar a enjambrazón. Pero dado que esta manera parece ser la más práctica para la sustitución periódica de los cuadros de cría, para nosotros es una operación necesaria, y no tenemos otra opción que aceptar esta desventaja menor. El bienestar general y la prosperidad de las familias son de crucial importancia, y tenemos que considerar siempre las ventajas en su complejidad.

Además, es posible observar que la sustitución periódica de los cuadros y la transformación de la cera vieja en láminas, resulta ser una operación costosa. Incluso hemos sacado la conclusión de que una máquina que permite la elaboración de la cera, aunque ésta sea de eficiencia intermedia, la gran cantidad de cera transformada será cada vez más rentable desde el punto de vista económico.

e. Revisiones periódicas y control de la enjambrazón

Nuestra manera de practicar la apicultura, condicionada por particulares condiciones climatológicas, necesita de un manejo periódico de las colonias, desde el final de marzo hasta la conclusión de la temporada de enjambrazón. Entre una revisión y la siguiente raramente dejamos pasar más de una quincena de días. De esta manera, estamos en condiciones de tener constantemente bajo control cada colmena. Estas frecuentes inspecciones nos permiten, en primer lugar, juzgar el valor de cada reina: en el caso de que una reina no alcance el estándar, ésta es reemplazada en el mismo momento, sin considerar su edad. Incluso, aunque no haya aparentemente dificultad, puede pasar que una colonia no consiga en seguida los progresos que esperamos después de la sustitución en marzo, teniendo que esperar hasta que su progenie lo revierta. Tales casos no siempre son sencillos de evaluar, y se tienen que tomar en cuenta toda una serie de factores. En cualquier caso, puede ser de ayuda anotar la fecha de su introducción. Estos controles periódicos toman realmente poco tiempo, y solo en el caso de que haya síntomas de enjambrazón. En todos los demás casos, un rápido vistazo a dos o tres cuadros nos dirá si todo está en orden.

Cuando aún estaba la vieja abeja inglesa, las primeras enjambrazones normalmente ocurrían antes de final de abril. Con las abejas de hoy en día, y con las metodologías más avanzadas en la apicultura, en nuestros colmenares la enjambrazón está prácticamente desaparecida hasta el final de junio. En realidad, la temporada principal de la enjambrazón está limitada entre el 5 y el 25 de julio. Pero hay que añadir que solamente un pequeño número de colonias muestra normalmente los síntomas de enjambrazón, y un número aún más reducido se pondrá a enjambrar realmente. Pero, aun así, la enjambrazón tiene que ser considerada uno de los mayores obstáculos para una apicultura eficiente.

Hay, en realidad, un número interminable de medidas para prevenir la enjambrazón; ninguna puede ser considerada del todo fiable, a excepción de aquella que prevé la remoción de la reina durante una temporada de diez o quince días. Esto, en términos concretos, fue la metodología que usamos una vez. Es una metodología que posee muchas ventajas importantes, tanto prácticas como económicas, además de proporcionar el único y verdadero control de la enjambrazón. Quizás, no todo apicultor es consciente del hecho de que una temporada sin reina, justo antes del máximo flujo de néctar, ayuda a verificar la presencia de enfermedades de la población adulta y de la cría. De hecho, es una de las metodologías naturales para controlar las enfermedades de las abejas.

Nosotros aplicamos este sistema a todas las familias, independientemente del hecho de que hubiera más o menos síntomas de enjambrazón, alrededor del 21 de junio. Diez días después, todas las celdas reales eran destruidas, y algunos días después se procede a introducir una joven reina fértil. Utilizando esta técnica se evitan las revisiones semanales. Además, teníamos así asegurado un sustancial incremento de la cosecha del trébol, porque en cuanto se presentaba cría aún no operculada, las familias que habían sufrido esta operación trabajaban con una energía y determinación que habitualmente se manifiesta solamente en los enjambres recién formados.

Como ya he comentado, esta medida para prevenir la enjambrazón posee una serie de ventajas añadidas. La interrupción de la cría tiene un influjo de profilaxis en el bienestar de la colonia. Provoca, además, una reducción de la fuerza de la colmena después del flujo de néctar principal, en el momento en el cual un exceso de potencia puede ser una desventaja no indiferente, o en áreas en las cuales no hay un flujo de néctar tardío. Las colonias que han sido sujetas a este tratamiento, afrontarán el invierno en condiciones rejuvenecidas y, como ya ha demostrado la experiencia, harán grandes progresos en la represa primaveral, con un vigor ausente en las colmenas se no han sido tratadas de la misma manera.

Esta metodología para controlar la enjambrazón excluye todas las incertidumbres. No existe ninguna duda de su efectividad. Las evidentes ventajas tienen la misma seguridad de éxito. Desafortunadamente, como pronto descubrimos con nuestro fracaso, en Dartmoor no se puede esperar obtener una cosecha rentable sino es de colonias que estén en el punto álgido de su potencia.

La interrupción del desarrollo de la cría, en el momento en el cual las abejas tendrían que estar maduras para llegar a pecorear el néctar en los últimos días del mes de agosto, es responsable de la pérdida de fuerza de las colonias. Estamos, por lo tanto, sin otra solución excepto aquella de recurrir a controlar la enjambrazón que garantiza una fuerza óptima para la mayoría de las colmenas.

Debido a estas circunstancias, para nosotros había solo un camino viable: el control semanal de todas las colmenas durante la época de enjambrazón y, donde se presentaba, la eliminación de todas las celdas reales. Esta, claramente, no es la solución ideal, pero una solución que durante muchos años ha dado resultados aceptables. Hemos observado que estas revisiones semanales necesitan cuatro minutos de media por cada colonia, más o menos. Cuando se encuentran celdas reales son destruidas. Si la reina sigue poniendo normalmente, todo hace presuponer que, en la semana siguiente, la preparación para la enjambrazón será abandonada. Por otro lado, si la reina deja de poner, estas familias previsiblemente harán una o dos tentativas de enjambrazón. Pero si a las reinas se les mutila un ala, el enjambre tenderá a volver. Con el tipo de piqueras que tenemos, que llegan hasta el suelo, la reina en muchas ocasiones volverá poco a poco a la colmena, pero algunas se perderán inevitablemente. Las colonias que han perdido su reina, recibirán una sustituta en una semana o diez días. No tendría sentido devolver en seguida una nueva reina porque, muy probablemente, intentarían enjambrar con la nueva reina. Un periodo de ausencia de la reina antes de la introducción de aquella nueva es esencial. Naturalmente, esta colonia no dará prueba de gran vigor en el brezo.

Tendría que haber subrayado antes de llegar hasta aquí que nosotros nunca introducimos una reina sin anteriormente cortarle un ala. No hace falta decir que esta operación no es suficiente para prevenir los intentos de enjambrazón, pero sin reina un enjambre no puede funcionar. El corte de las alas, no solamente previene la pérdida de los enjambres, además evita una pérdida de tiempo y los riesgos implicados en la recogida de los enjambres, especialmente cuando alrededor de los apiarios hay presentes árboles elevados. Los temores más expresados están relacionados al sufrimiento de una reina que es sometida al corte de las alas, y que tiene como éxito su adelantada sustitución, pero esto no ha sido confirmado por la experiencia práctica. En setenta años de apicultura, nunca he observado ningún hecho negativo que pudiera hacer reconducir la amputación. No obstante, si se maneja de manera poco hábil o es mal mutilada, una reina puede sufrir un daño permanente. El manejo de muchas colmenas en una serie de apiarios externos no habría podido funcionar obviamente sin esta precaución – a excepción, quizás, del caso de que se trate de una variedad que posea fuerte desinterés por la enjambrazón. Nosotros consideramos el corte de las alas – se elimina solamente la mitad de un ala – como una medida de precaución elemental y de buen sentido. Pero la mutilación no sirve de nada si luego no va acompañada de las revisiones semanales de las colmenas durante la temporada de enjambrazón. Si ésta no se efectúa, se formará un enjambre y tomará vuelo con una reina virgen. Es necesario recordar que la metodología que nosotros usamos para impedir la enjambrazón se adapta a una variedad en la cual ha sido altamente desarrollada la característica de la no predisposición a no enjambrar. Una técnica así tendría muy poco resultado práctico en el caso de la abeja cárnica, de determinados híbridos y de la totalidad de las abejas cruzadas. En casos como estos, para alcanzar el objetivo, se necesitará recurrir a medidas extremas, de tipo radical.

f. Procedimiento de rutina durante el flujo de néctar

La inspección semanal durante la época de enjambrazón coincide con el flujo de néctar principal. Esta proporciona, además, una oportunidad para añadir, donde se considera necesario, las medias alzas suplementarias. Raramente nosotros disponemos de una reserva de cuadros construidos, y las medias alzas son, sobre todo, – en algunos años los son enteramente - de panales de láminas. Como consecuencia, éstas son añadidas siempre encima de aquellas medias alzas ya colocadas, porque en este momento la construcción de la cera es completada con mayor prontitud, y a menudo, cuando haya un buen flujo de néctar, en pocas horas. Añadiendo estas medias alzas en la parte superior, se evita gran movimiento, y la molestia causada a la colonia es poca o nula. Además, si las condiciones meteorológicas empeoraran repentinamente, no habría ningún daño. Por otro lado, durante el intenso flujo de néctar, será necesaria una inspección añadida a las medias alzas, durante la cual un rápido vistazo, levantando simplemente el techo y la entre tapa, revelará en un instante si hay necesidad de mayor espacio de almacenamiento. Hacia el final del flujo de néctar, en el momento de la última revisión, las medias alzas rellenadas solo en parte serán colocadas cerca del excluidor de reina, y las medias alzas llenas, en la parte superior. Así, se permite retirar las medias alzas llenas sin mayor molestia. Además, hacia el final del flujo, las abejas tienden a almacenar el néctar cerca del nido. Para alejar a las abejas de las medias alzas usamos los escapes "Porter". Esta herramienta causa a las colmenas menos disturbios respecto a las alternativas mecánicas y químicas introducidas en los últimos años. Cuando los cuadros están enteramente operculados, a menudo las abejas abandonan las medias alzas en pocas horas cuando hay elevadas temperaturas. Aún se dejarán durante dos días más, para que las abejas se marchen, asegurándose así de que las medias alzas estén vacías de abejas.

La extracción y la remoción de las medias alzas, en general, ocurre hacia el final del flujo de néctar, o esperando hasta que no haya necesidad de preparar medias alzas vacías para acondicionar las colmenas de cara a la floración de los brezales. Al término de una buena temporada, la diferencia en la cosecha de cada familia será visible a primera vista. Pero con medias alzas que contienen 50 libras de miel cada una, no se forman aquellas torres que conocemos propias de la apicultura americana. El máximo peso obtenido está siempre limitado y es fácil de manejar - una ventaja que conviene no subestimar.

g. La producción de miel de erica calluna

A pesar de que en Buckfast sea fácilmente alcanzable, los brezales de Dartmoor nos ofrecen la oportunidad de hacer una cosecha de miel de calluna vulgaris. Sin embargo, la máxima cosecha puede ser obtenida solamente con una cuidadosa planificación. De hecho, cualquier apicultor piensa en obtener constantemente este tipo de miel para todo el año. Dadas las condiciones que se presentan en estos brezales, donde las abejas en agosto y septiembre también pueden ser expuestas a situaciones incómodas y donde es difícil encontrar una solución oportuna, solamente las colonias más fuertes y las abejas más vigorosas pueden satisfacer la esperanza de obtener buenos resultados.

Recuerdo aún el tiempo en el que transportábamos las colmenas hasta la orilla de los brezales de Dartmoor con un carro. En el transcurrir de los años, el transporte se volvió menos dificultoso y más rápido. Los esfuerzos, las dificultades y los fracasos de estas primeras tentativas son ahora un lejano recuerdo.

En la producción de miel de calluna, solamente el apicultor determinado y perseverante llegará al éxito, puesto que necesita mucho más que la colocación de las colmenas en lugares productivos. Durante los pasados cincuenta y cinco años hasta hoy, he tenido la oportunidad de observar numerosos intentos basados en una suposición de este tipo que ha llevado a infinitas frustraciones. En realidad, no consigo recordar a un solo apicultor que haya resistido más allá de unos pocos años. Llevar a las abejas a la calluna vulgaris conlleva mucho trabajo, muchos riesgos y fracasos. En los años de total ausencia de floración, es necesario asumir que las colonias quedan a un paso de la ruina. La pérdida de colmenas no sucede inmediatamente, sino durante la siguiente primavera. Cuando en el nido de la cría se ha almacenado mucha miel de erica calluna, se produce una disentería siempre peligrosa. Estos peligros y riesgos son típicos en Dartmoor pero, a menor escala, son posibles también en brezales de otras regiones de las islas británicas.

El éxito de Dartmoor necesita una combinación de condiciones que muchos apicultores no han sabido detectar, o que no han sabido reconocer. Mencionaré algunos ejemplos clásicos, en el orden necesario. El concepto de "éxito" es seguramente muy relativo, porque a los ojos de algunos algo puede ser considerado un éxito, mientras que en otros un fracaso.

Muchas veces, la primera flor de erica aparece alrededor del 25 de julio. Normalmente transcurren tres semanas más antes de llegar a la máxima floración de la calluna. Solamente en temporadas verdaderamente excepcionales he visto una floración abundante antes de la mitad de agosto o después del 5 de septiembre. El flujo de néctar a menudo llega de improviso, y normalmente dura solamente pocos días. Días nublados, húmedos, sin viento y noches templadas parecen favorecer una floración abundante. El brezo segrega néctar con temperaturas relativamente bajas, pero se interrumpe de golpe cuando el viento cambia de dirección, soplando de noreste. Por otro lado, cuando las condiciones son óptimas, la floración puede ser descrita como fascinante.

En general, empezamos la trashumancia de las colmenas para llevarlas a la calluna vulgaris alrededor del 28 de julio, y dado que cada mañana movemos un apiario, esta operación necesita más o menos dos días. La carga y el viaje de las colmenas se realiza al amanecer, mientras todos los preparativos para cerrar las piqueras de las colmenas son ejecutados durante la tarde precedente.

Durante más de cincuenta años, hemos adoptado un sistema muy sencillo para atar las colmenas durante la trashumancia. En el lado inferior del fondo de cada colmena están colocadas perennemente dos placas de latón, una en la parte trasera, y la otra en la parte delantera. Miden 2 pulgadas por 3/8 de pulgadas y van provistas en un agujero con rosca de medida ¼ de pulgada en el medio. En el marco de madera del techo están presentes igualmente dos placas de acero de grosor de 1/8 de pulgada, cada una con un agujero en el centro con rosca de 3/8 de pulgadas, en la posición correspondiente a la parte con rosca de las placas de latón fijadas en el fondo de la colmena. Dos varillas de acero con diámetro de ¼ de pulgada, con rosca en una extremidad y en la otra con un tornillo a mariposa sirven para dar la máxima fijación. Las dos varillas de acero son añadidas en las placas fijadas en el techo y, deslizadas en las paredes internas de la colmena, para ser luego atornilladas en las placas de latón, colocadas en la base de la misma. Cuando esté atornillado hasta el final, la base, el nido, el excluidor de reina, las medias alzas y el techo, están firmemente atados entre ellos. La varilla cerca de la entrada de la colmena no es atornillada hasta el final. A la mañana siguiente, es colocado en la piquera un espesor de madera y, atornillando hasta el final la varilla, cierra perfectamente la madera que protege la entrada y el espesor. Llegado a este punto, las colmenas están listas para ser cargadas. Cada colmena, cuando es transportada para la floración de la erica calluna, lleva consigo la media alza colocada; antes de trashumarla nuevamente, se le quitan las medias alzas y éstas últimas son transportadas separadamente. Como consecuencia, son necesarias dos series de varillas de acero: unas más largas para cuando la media alza está colocada, y otra más corta para el viaje de vuelta. Es bueno quizás añadir que los tornillos a mariposa están fijados en las varillas de acero y no se giran, y que cada set tiene que ser cerca de ¼ de pulgada más largo de lo que es realmente requerido, para conseguir una posible dilatación del nido y de las medias alzas en el caso de lluvia. Estas precauciones para asegurar las colmenas durante la trashumancia son sencillas, absolutamente fiables, y no pueden causar ningún daño a las colonias.

Es necesario darse cuenta de que, cuando las abejas son transportadas por carretera, se vuelve una necesidad primaria contar con una metodología del todo fiable para bloquear las paredes de las colmenas y eliminar el posible riesgo de salida de las abejas durante el recorrido. Herramientas para salir del paso, no fiables, antes o después llevan hacia desagradables experiencias.

Los trabajos de manejo en los brezales se limitan a colocar medias alzas suplementarias cuando se necesitan o están justificadas debido al flujo de néctar y de las condiciones climatológicas. A causa de los muchos factores imponderables en juego, elegir si dar más espacio requiere una buena capacidad de valoración y tener suerte a partes iguales. Al término de la temporada, no queremos quedarnos con un número excesivo de panales no operculados o rellenados hasta la mitad de miel, un hecho que, a parte del desperdicio de cuadros, puede incidir en la calidad de la miel. Las medias alzas adicionales vienen de cualquier forma posicionadas encima de aquellas ya presentes. En cuanto a las reales condiciones de las colonias, ninguna medida de ningún género en la actualidad podrá tener ninguna influencia sobre el vigor de cada familia y su rendimiento.

Los principales factores que determinan el resultado – si excluimos las condiciones atmosféricas, sobre la cuales no tenemos control – son la raza y la variedad de abejas. La anterior abeja indígena en el brezo era enormemente válida, considerando la familia relativamente pequeña que formaba.

Todavía, esta abeja no podía producir la cantidad de miel de erica que ahora podemos esperar de las variedades más prolíficas. La abeja negra francesa, que tiene un estrecho vínculo con la vieja variedad inglesa, se ha demostrado superior a esta última por su mayor fecundidad. Desafortunadamente, la abeja francesa pura puede ser verdaderamente feroz, en particular cuando trabaja en la erica. De hecho, también las abejas más tranquilas, cuando están en los brezales, desarrollan una marcada agresividad por razones del todo desconocidas.

En el brezo, nuestra variedad de abeja ha dado resultados muy satisfactorios en el curso de los años, dándole a disposición un tamaño de colmena acorde a sus capacidades. La idea que teníamos hace tiempo de que una familia en un nido con espacio hubiera almacenado la mayoría de la cosecha de brezo cerca de la cría y poco, o casi nada, en las medias alzas, se ha demostrado absolutamente equivocada. Hasta el punto de que, a menudo, quisiéramos que el almacenamiento en el nido fuese mayor del que realmente es. Las colonias fuertes de verdad tienden a almacenar en las medias alzas la cantidad de miel principal de brezo que recolectan.

Los dos factores más importantes para el éxito de los brezales son, por tanto, la calidad de las abejas y las colonias con fuerzas excepcionales. Pocos ejemplos serían suficientes para aclarar este punto. En 1.933 dos apicultores dispusieron sus colmenas en el radio de acción de nuestras abejas, a pocos cientos de metros respecto a nuestras colonias. Ambos utilizaban colmenas British Standard y abejas de origen desconocido. El 1.933 fue un año de enorme abundancia, y después de ver sus conclusiones, tuve la oportunidad de asegurarme de los resultados que estos apicultores habían obtenido. Ambos refirieron una media de producción de 27 libras, y según sus opiniones, el brezo había rendido bien al principio de agosto, pero se frenó la floración cuando, en la última parte del mes, había vuelto el buen tiempo. El flujo entre el 25 y 28 de agosto, con una recolección diaria de cerca de 20 libras, y que daba como resultado una media de 95 libras y media de plus por familia, era efectivamente uno de los mejores que yo recuerdo. No hay duda de que su error – o su relativo fracaso –era debido al hecho de que estos dos apicultores poseían el tipo de abeja y colmenas equivocado. Sus colonias estaban formadas, probablemente en gran parte, por abejas viejas que se habían deteriorado durante el flujo de néctar. Y como es típico en colonias de este tipo, después de su llegada a los brezales, habían criado una cantidad mínima de crías. Las importantes pérdidas invernales que sufrieron en la primavera siguiente confirmaron esta evaluación.

El valor de la colonia con vigor superlativo me ha sido confirmado también en otro episodio, posiblemente más convincente. Por un periodo de quince años más o menos, he tenido la posibilidad de comparar nuestros resultados con aquellos obtenidos por un apicultor profesional cuyas colmenas eran ubicadas en nidos con doce cuadros British Standard. En este caso, las abejas eran prevalentemente de nuestra variedad, pero su recolección de miel de brezo alcanzaba normalmente la media que equivalía a la mitad de nuestra cosecha. El origen de la diferencia, en este caso, podía deberse solamente a la diferencia relativa del efectivo vigor de las colonias, con una variación del 50% en cada respectiva cosecha. No había en realidad ninguna otra explicación, y el apicultor en cuestión reconoció sin dudar esta realidad.

Cuando las condiciones son óptimas, la erica calluna segrega néctar en cantidades ingentes. Sería bastante errado creer que una determinada área pueda ofrecer sustento a un número ilimitado de colonias. Si se añaden nuevas colmenas en un área ya enteramente ocupada, de una similar acción, todos sufrirían las consecuencias. Encontrar un sitio para un número limitado de colmenas es siempre posible, pero es distinto encontrarlo para una gran cantidad de colonias. En asuntos de este género, la cortesía, junto al propio interés, será siempre recompensada. Nosotros consideramos que 40 colmenas en el radio de una milla sea el número máximo que un área con abundancia de erica podrá sostener para el beneficio en un año medio.

Como ya dije, en Dartmoor la época de mayor floración del brezo se extiende entre la mitad de agosto y el 5 de septiembre. A menudo, después de esta fecha también hay presencia de capullos de erica, pero es bastante raro que florezcan copiosamente en seguida. Nosotros hemos llegado a concluir que dejar a las abejas en los brezales después de esta fecha no es una ventaja. En realidad, retrasar el devolver las colmenas a sus sitios originarios, es afrontar muchos riesgos. Además, en esta época el tiempo tiende a empeorar rápidamente, volviendo la trashumancia progresivamente más complicada. Así, alrededor del 8 de septiembre nos damos prisa en recoger todas las medias alzas para retirarlas, llenas o no. Dos o tres días después se llevan a casa. En este punto, las familias están listas para volver a su ubicación habitual. Invertimos mucho esfuerzo en traerlas lo antes posible porque tienen que ser preparadas para el invierno, lo cual es la mejor decisión.

3. Otoño e invierno

a. El cese de la actividad

La manera de transportar las colmenas para traerlas a casa es la misma de siempre, excepto porque las colmenas vuelven sin medias alzas. A las colonias que cada mañana son traídas a casa, se le suministra alrededor de un galón de jarabe en la tarde siguiente. Esta cantidad de jarabe se le suministra a cada familia, sin considerar la cantidad de reserva que poseen. El riesgo de disentería, si son invernadas solamente con miel de erica, parece ser bastante probable. El jarabe distribuido es principalmente almacenado en el centro del nido, y como consecuencia, durante el invierno será consumido en primer lugar. Así, el riesgo de disentería es ampliamente evitado, aunque no totalmente. Después del suministro, todas las familias son pesadas. Aquellas que no posean un determinado peso mínimo de reserva, reciben una correspondiente dotación de jarabe añadido. Incluso, durante años de gran escasez, cuando de hecho las colonias vuelven de los brezales empobrecidas, es suministrada solamente una cantidad mínima suficiente para asegurar la supervivencia para el invierno. Alimentar mucho a las colonias para permitir sustentarse hasta la mitad de abril, como nos enseñó la experiencia, sobrealimenta prematuramente a las abejas, y lleva a resultados desastrosos.

Al término del suministro, se puede hacer poco. Si al momento de la remoción de los alimentadores, se nota que una colmena está sin reina, se proporciona una nueva. Pero no se puede volver a efectuar una verdadera indagación a todas las colonias para verificar las condiciones de las reinas, a causa de los riesgos de pillaje y de rebelión que una inspección en este periodo del año podría originar. Todas nuestras colonias habitualmente son invernadas en diez cuadros. Una ulterior reducción del espacio no lleva a ningún beneficio.

La alta humedad del invierno, particularmente en el Devon del sur, y la consecuente anormal condensación en las colmenas, es uno de los problemas más grandes de nuestro clima. En el intento de mitigarlo y redimensionarlo a un grado aceptable, hemos experimentado un cierto número de contramedidas. Una ligera ventilación del nido parece ofrecer los resultados más satisfactorios. Naturalmente, hay que evitar crear una corriente de aire. Hemos obtenido los mejores resultados desponiendo una tira de madera alta de 1/8 de pulgada entre la entre tapa y el techo, en correspondencia con las empuñaduras de los cuadros en la parte delantera y trasera, permitiendo a la humedad salir desde la sutil abertura así creada en ambos lados del nido. De esta manera, la humedad es expulsada sin exponer a las colonias hacia una corriente de aire directa.

b. Protección durante el invierno

A pesar de que aquí, en el sureste, suelen darse inviernos excepcionalmente severos, no proveemos a nuestras colmenas de una protección extra. Sabemos que el frío, incluso el frío más intenso, no daña las colonias que gozan de buena salud. Parece que ocurre más bien al revés, que el frío actúa sobre las abejas beneficiosamente.

Aproximadamente hace sesenta años el Doctor E. F. Philips y G.S. Demuth, recibieron en aquellos años desde los Estados Unidos el encargo de conducir experimentos sobre las abejas, prometiendo un especial tipo de casa protectora para el invierno en la cual podían encontrar sitio cuatro colonias. En estas cajas venían posicionadas en cada lado cuatro colmenas que formaban un bloque cúbico, y luego eran abrigadas por 4 pulgadas de film plástico en la parte inferior, 6 pulgadas en los lados externos y 8 o más en la parte superior, encima de la entre tapa. Las ventajas declaradas de esta forma de pasar el invierno nos hicieron pensar en hacer la prueba por nuestra propia cuenta. Como consecuencia, construimos dos de estas cajas para el invierno, y esperamos los resultados llenos de expectativas.

En la primera visita primaveral verificamos que las ocho colonias estaban completamente secas, sin presencia alguna de moho en los cuadros. Desde este punto de vista las expectativas eran satisfactorias, pero nos esperaba un disgusto. Estas colmenas, sin excepción, no tuvieron ninguna represa. El normal impulso para alimentar a la cría, manifestada solamente en las otras familias que no estaban abrigadas de aquella manera, en éstas estaba completamente ausente. Las colonias que habían salido del invierno en colmenas provisionales, con poca o ninguna particular protección, hicieron rápidos progresos en la represa primaveral. A pesar de estos resultados decepcionantes, hicimos una ulterior prueba con estas cajas de invernada también el año siguiente, pero las cosas no consiguieron mejorar.

Algunos años después, también el señor A. W. Gale quiso intentar esta forma de invernada. A pesar de los intentos de disuasión por mi parte, preparó cuarenta cajas. Contemporáneamente, nosotros utilizamos nuevamente las nuestras. Ahora el experimento abarcaba un total de 168 colonias en dos localizaciones distintas. Los resultados fueron absolutamente iguales al experimento hecho anteriormente. Resumiendo: esta modalidad de invernada, no solo se reveló como un fracaso total, sino que, en términos concretos, hubo un efecto depresivo en el bienestar de las colmenas. Podríamos suponer que, en regiones muy frías de la tierra, esta modalidad de protección tendría resultados satisfactorios. Pero no parece ser así, porque en el trascurrir del tiempo esta forma de invernada ha sido gradualmente abandonada, tanto en los Estados Unidos como en Canadá.

A pesar del lamentable resultado de estos experimentos, no tenemos nada que lamentar, porque estos últimos han evidenciado considerables conclusiones y de gran importancia, diametralmente opuestas a las teorías comúnmente aceptadas y consideradas válidas a cerca de la protección invernal. El resultado obtenido aquí en el Devon y luego en el Wiltshire también muestra, de manera tangible, que una protección no necesaria tiene un efecto deletéreo y que el frío, incluso el frío intenso, ejerce un influjo positivo en el bienestar de las colmenas. Como dato de hecho, también los apicultores del continente, donde una protección invernal añadida hasta hace poco era considerada esencial, han obtenido poco a poco los mismos resultados que nos habían dado los nuestros hace medio siglo. Tenemos que reconocer que, en este caso, nos encontramos frente a reacciones fisiológicas e influjos de los cuales tenemos poco o ningún conocimiento, pero tiene una relación determinante con el desarrollo estacional y con el bienestar de las colonias. Las pérdidas invernales no son el resultado directo de la exposición a las bajas temperaturas, sino son generalmente debidas a la falta de reinas, enfermedades, etc.

Una ubicación soleada y la protección de los vientos más insistentes son, sin duda, medidas más deseables y beneficiosas, no solamente en invierno sino en todas las estaciones del año. Una protección del viento puede ser ventajosa en marzo y abril, en el momento crítico de la represa primaveral. Pero colonias vigorosas y en buen estado de salud saldrán adelante también en las condiciones climatológicas más difíciles. La abeja de miel es, sin duda, una criatura solar, y no tiene ninguna necesidad de ser sobreprotegida.

4. Procedimientos de rutina

a. Esterilización de las colmenas

En apicultura no podemos esperar conseguir los resultados más satisfactorios sin considerar la importancia de las condiciones higiénicas de las abejas que viven en nuestras modernas colmenas. En las colmenas primitivas, tales necesidades se cumplían automáticamente: los “dujos” eran periódicamente ahumados con azufre y los panales eran destruidos. No hay ninguna duda de que el apicultor moderno, a menudo, considera las necesidades higiénicas de sus abejas una posibilidad facultativa. El daño que resulta de una negligencia es atribuido después a otras causas, como suele pasar en apicultura.

La renovación periódica de los panales de cría ya es algo tomado en consideración. Ahora quiero referirme a la esterilización de las colmenas y los detalles de la herramienta para afrontar esta tarea de manera eficaz y con el mínimo trabajo necesario. Las colmenas – excluidas las medias alzas – son esterilizadas con una rotación que dura cuatro años. El eje del suelo de la colmena cada primavera recoge los detritos pero, tanto el eje del suelo de la colmena como la caja de madera, cada cuatro años, son tratados con una solución de sosa cáustica, luego reparados y pintados nuevamente.

Para facilitar la esterilización utilizamos una estructura que funciona con gasolina, que produce vapor y que trabaja automáticamente, con un escape a vapor de 30 pulgadas de diámetro. El escape a vapor ha sido diseñado para desinfectar dos nidos a la vez. Estos son fijados en una jaula de acero, la cual es sumergida y luego retirada de la solución de sosa cáustica con una cuerda y una polea. Una libra de sosa es diluida en 25 galones de agua. Después de la esterilización, los nidos son cepillados y enjuagados en agua caliente.

Muchos apicultores hoy en día protegen sus colmenas dándole un barniz con creosota. También nosotros lo hacíamos hace tiempo, pero no lo encontramos satisfactorio. Para mantener las colmenas en condiciones suficientemente buenas se necesitaría suministrarla, por lo menos, cada dos años. Con nuestras fuertes lluvias, la creosota se deslava bastante rápidamente. Por otro lado, un barniz grueso para las colmenas con pared individual es bastante inútil. A menudo, el barniz forma burbujas, debido a la condensación que se forma dentro de la colmena. Durante muchos años hemos utilizado una pintura al temple para exteriores, que permitía a la humedad salir, resistiendo mucho más que la creosota. Eran necesarias solamente dos pasadas, y el coste era inferior respecto a un barniz grueso de buena calidad. Desde hace unos años usamos una pintura a emulsión, porque aunque necesita de dos pasadas, es más resistente que un barniz a temple. Si tomamos en consideración el uso de un barniz a emulsión es necesario prestar atención a que el producto no tenga insecticida. Para las paredes exteriores del nido utilizamos un esmalte, y también para los techos. Para hacer las colmenas más bonitas - sin coste adicional – la base y el techo de la colmena son pintadas en una tonalidad salmón, el nido es color crema, mientras las medias alzas son marrón oscuro.

En una ocasión, en las paredes internas de los nidos, se formó un hongo de color blanco, que deterioró completamente aquellas paredes en un par de años. Una pasada de Cuprinol durante las siguientes pintadas de las colmenas resolvieron perfectamente el problema. También, la cara interna de la base de la colmena es tratada periódicamente con Cuprinol – en ambos casos utilizamos el tipo transparente. Naturalmente, las partes tratadas con Cuprinol, antes de ser usadas, tienen que ser aireadas, porque el olor podría causar pillaje.

La máquina a vapor se ha demostrado inestimable – verdaderamente indispensable – para la esterilización de los cuadros de los nidos y de las medias alzas. De los primeros tenemos que esterilizar alrededor de 1.200, y de los segundos, después de una buena cosecha de miel de brezo, no menos de 6.000. Todos los cuadros son hervidos en sosa cáustica y luego enjuagados en agua. Después de esta última operación, son limpiados de cera y propóleos, pareciendo cuadros recién estrenados. La jaula de acero llega a hervir en un golpe 3 cuadros de nidos y 50 cuadros de medias alzas.

b. Transformación de la cera

La máquina a vapor nos vuelve a ser nuevamente útil para las operaciones de transformación de la cera. De hecho, el vapor permite un control instantáneo, y por ello es realmente la única manera segura para trabajar la cera de abeja y para la transformación de los viejos panales. En una buena temporada nuestra cosecha alcanza casi una tonelada, y para esta cantidad es necesario tener una buena máquina de trabajo. En el caso de los viejos panales de cera de cría, somos capaces de extraer el 50% más del peso que luego viene a ser utilizado para las láminas de cera; mientras desde los cuadros de medias alzas se recoge una doble cantidad.

La cera es derretida en un molde de 1 cwt. Los moldes son de madera aglomerada, forrados en sus interiores con chapa de cobre. Cuando la cera se enfría, normalmente en cuatro días, se contrae, permitiendo así a los bloques de cera deslizarse libremente desde los moldes.

FOTO 1. Primavera 1910. En aquel tiempo no teníamos dos colmenas iguales. La colmena WBC representó el primer paso hacia la modernización.

FOTO 2. Mayo 1915, el paso hacia la colmena Burgess Perfection.

FOTO 3. Desde 1922 nuestras colmenas eran colocadas en grupos, de hecho, eliminó la deriva.

FOTO 4. En los brezales, agosto 1920. Las 100 colmenas fueron posicionadas en filas, como era tradición, con las piqueras orientadas hacia el sur. La deriva puede ser cuantificada rápidamente contando el número de medias alzas en cada colmena.

FOTO 5. El apiario central en 1938, a estas alturas completamente modernizado.

FOTO 6. A pesar de la preocupación por la fragilidad de las colmenas provisionales, la cosecha resultó satisfactoria.

FOTO 7. Uno de nuestros apiarios externos. Donde la orografía lo permite, como aquí, en una ladera de una colina, las colmenas están colocadas en grupos de dos.

FOTO 8. Cada apiario externo tiene una caseta para el almacenamiento de las medias alzas y de otros materiales.

FOTO 9. El primer trabajo en primavera consiste en cambiar el suelo de las colmenas. Están hechas con estrías en los tres lados y una inclinación como desagüe desde la parte trasera hacia la parte delantera, de 1 pulgada, para evitar que el agua se quede estancada dentro de la colmena.

FOTO 10. Alimentador a tasca. Las abejas tienen acceso al jarabe dentro de un fino techo aplicado encima del taco central del alimentador.

FOTO 11. Las medias alzas sostienen diez anchos cuadros. El espacio entre cuadros esta obtenido con una serie de guías maestras, eliminado así cualquier saliente.

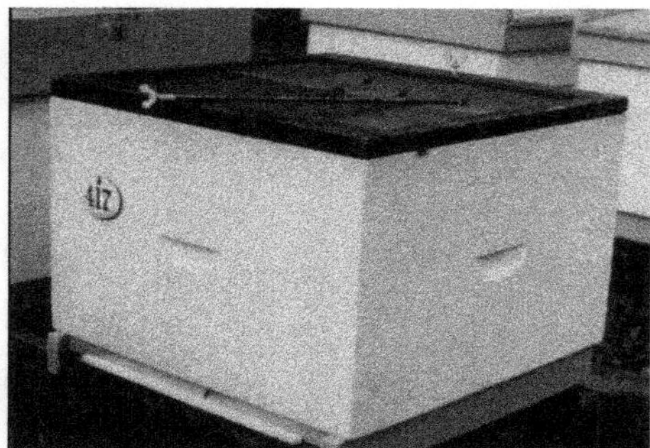

FOTO 12. Una colmena lista para la trashumancia, con malla, piquera bloqueada, y eje de fijación en el fondo colocado.

FOTO 13. A final de temporada y antes de la retirada definitiva de las medias alzas. Cada media alza, cuando está llena, contiene 50 libras de miel.

FOTO 14. Un viaje de 40 colmenas, completa de techos y bases de apoyo, listas para el viaje de vuelta desde los brezales.

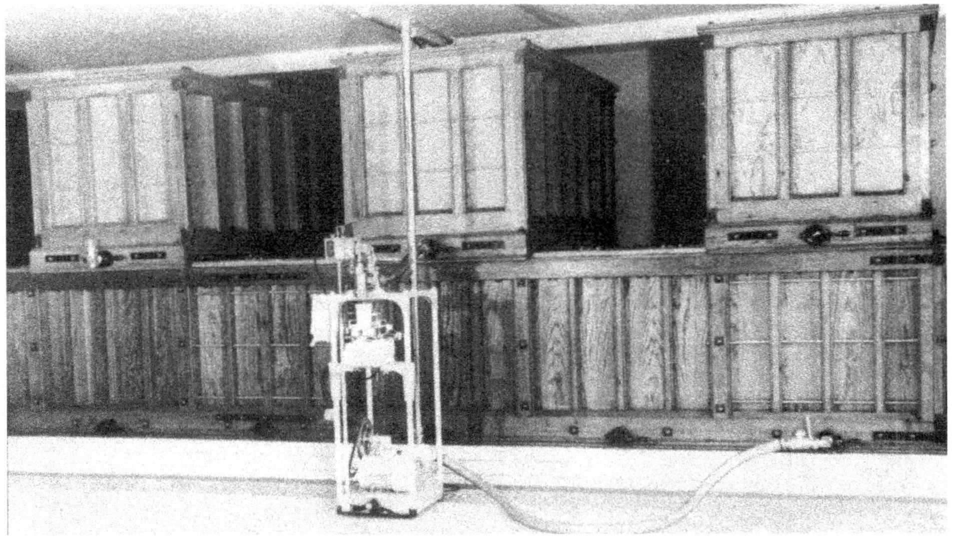

FOTO 15. Los tanques para la conservación de la miel. Son 11, y tienen una capacidad total de 27,5 toneladas. La máquina automática para envasar en una hora llena hasta 200 contenedores de 1 libra.

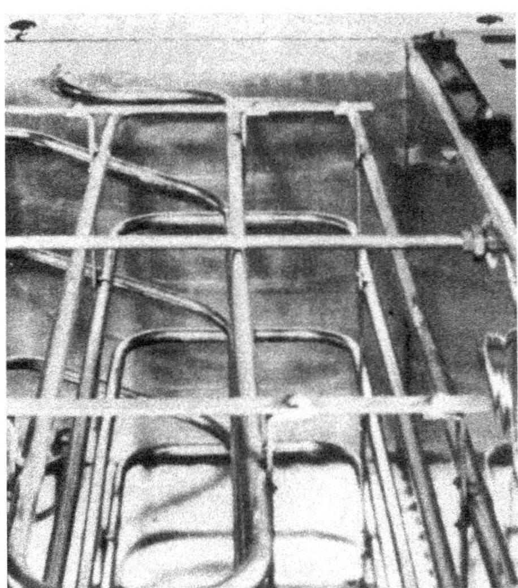

FOTO 16. Cada contenedor de conservación está constituido de una serpentina por la cual pasa agua hervida, conectada a una caldera a gas con termostato, para licuar la miel cuando está cristalizada.

FOTO 17. La máquina para preparar el jarabe con agua fría. La bañera contiene 1,5 toneladas de jarabe.

FOTO 18. El hervidor en el cual se esterilizan las colmenas, los cuadros y la licuación de la cera. La jaula de acero en la cual se añaden las colmenas de madera y los cuadros está suspendida encima del escape de hervor; la bañera para enjuagar está a la izquierda; a la derecha, un molde para la cera.

FOTO 19. La caldera para el vapor, alimentada a gasolina, con funcionamiento automático, un componente esencial para facilitar la esterilización de las colmenas y la licuación de la cera.

FOTO 20. En la elección del apiario atribuimos mucha importancia a la posición de resguardo respecto al viento y al buen drenaje del suelo. Desde este punto de vista, el apiario externo aquí retratado tiene una posición ideal.

FOTO 21. En Dartmoor en 1927.

FOTO 22. Parte del colmenar central en el cual se puede ver la colocación de las colmenas en grupos de cuatro y la caseta para la crianza de reinas.

FOTO 23. Interior de la caseta para la crianza de reinas. En la parte derecha, el mueble calentado para las cúpulas, la mesa para el injerto de las larvas y una colmena de tamaño reducido. En la parte izquierda, una incubadora calentada eléctricamente con capacidad de 1000 celdas reales.

FOTO 24. La estación de apareamiento en Dartmoor, construida en el 1925 y desde entonces en uso sin interrupción.

FOTO 25. Detalle de la estación principal de apareamiento.

FOTO 26. Una estación de apareamiento suplementario en otra localidad de los brezales, utilizada para cruces experimentales.

FOTO 27. En detalle, el interior de una colmena para los apareamientos con cuatro núcleos, cada uno con cuatro cuadros Dadant de medio tamaño.

FOTO 28. La colmena de apareamiento que usábamos anteriormente. Esta también recibe cuatro núcleos, pero con tres cuadros British Standard de medio tamaño.

FOTO 29. El alimentador a tasca adaptado para dar simultáneamente acceso al jarabe a los cuatro núcleos. Un corte en una de las cápsulas permite a uno de los núcleos limpiarlo cuando está vacío.

Foto 30: La máquina de extracción. En la parte derecha, el extractor radial para 44 cuadros y, a media distancia, la desoperculadora; en la parte izquierda la prensa hidráulica para la miel de brezo. La prensa permite tratar dos toneladas de miel al día, con una pérdida no superior a 1,2% de la cosecha.

Tercera parte

La selección y la cría de las reinas

1. Selección

a. La importancia de la selección

Como el lector ya tuvo la oportunidad de observar, la selección y la variedad constituye el fundamento de la apicultura que practicamos en Buckfast.

Hasta ahora, hemos puesto en examen los factores y los presupuestos necesarios para asegurar en cada familia el desarrollo de la máxima capacidad de recogida de miel, la finalidad de cada esfuerzo en el campo de la apicultura. En la selección operamos con las predisposiciones hereditarias, que pueden ser de dos tipos, deseables o no deseables. Intentamos desarrollar e intensificar las primeras, mientras las segundas intentamos reducirlas y, si es posible, eliminarlas. En la esfera más avanzada de la selección, nuestro objetivo es formar nuevas combinaciones, nuevas variedades. Esta última metodología de selección nos pone en la situación de aprovechar el inmenso depósito de valiosa calidad que la naturaleza ha creado a nuestra disposición en las distintas razas, localizadas geográficamente, de la abeja de miel.

Para poner en su justa perspectiva los esfuerzos realizados hoy en día, tenemos que tener en cuenta que, desde el comienzo y hasta hace un centenar de años, la selección de las abejas era prerrogativa exclusiva de la naturaleza. Antes de la introducción de la colmena con cuadro movible, el hombre no tenía ninguna influencia en esta área. Y la naturaleza no tiene ningún interés en obtener una abundante cosecha media de miel por cada familia: todos sus esfuerzos en la selección están concentrados en el mantenimiento y la difusión de la especie. En las distintas razas existentes, nos ha dejado en herencia el material bruto para desarrollar los progresos que nos esperan en el futuro.

En cada momento, en Buckfast, hemos atribuido la máxima importancia en la selección, conscientes de que solamente la crianza permite distinguir la posibilidad de un incremento permanente y progresivo en la apicultura, aumentando sus perspectivas económicas. Esto vale para la selección en cada forma de crianza de animales y plantas que tengan un valor económico. En el caso de la selección de la abeja de miel, sin duda tiene un papel importante, mayor aún respecto a los demás: de hecho, determina los progresos concretos de la apicultura que se obtendrán a largo plazo. Incluso, como la experiencia claramente demostró, para alcanzar nuestros objetivos, la meta que nos proponemos tiene que tener un fundamento desde una base sólida y realista. Solamente el entusiasmo no es suficiente.

En las páginas siguientes me limitaré principalmente a los aspectos estrictamente prácticos de la selección. Además, serán inevitables algunas referencias a determinados problemas específicos, dado que éstos vienen a conformar las consideraciones esenciales en las cuales apoyamos nuestros esfuerzos y los resultados prácticos que hemos alcanzado. Aunque puedan parecer de naturaleza académica, son de vital importancia práctica. Cada apicultor bien informado, tanto profesional como aficionado, tiene que tener familiaridad con todo lo que entra en juego en la selección de las abejas.

b. Raza pura o híbridos

Los apicultores disponen de dos alternativas: la cría de razas puras o el uso de raza pura para crear híbridos. La elección más adecuada será la clave del éxito en ambos casos. La naturaleza, para alcanzar sus fines, se apoya en la selección. De hecho, es despiadada, dado que su selección se basa en la supervivencia del más idóneo. A partir de la herramienta que ella utiliza para alcanzar sus objetivos, nosotros podemos incluso captar algunos indicios y extraer algunas conclusiones útiles. La manera de propagación y reproducción en el momento justo asegura un constante cruce e intercambio de los factores hereditarios. El apareamiento múltiple es, sin duda, uno de los caminos más eficaces que usa para alcanzar sus objetivos: la mezcla interrumpida que resulta del apareamiento de una reina con una docena o más de zánganos, parece ser la clave en la abeja de miel. Otro factor que contribuye a la renovación es el apareamiento a distancia, hasta cinco millas de la colmena de origen, así como es la enjambrazón también.

c. Cría en línea pura

No hay ninguna duda del hecho de que el apicultor que busca desarrollar una variedad altamente uniforme – partiendo de la hipótesis de que la uniformidad denota, ipso facto, una alta uniformidad en las prestaciones

- contraviene a los más sencillos dictados de la naturaleza, dado que la uniformidad puede ser obtenida solamente con una cría en línea pura. Como hemos visto, la naturaleza tiende a la endogamia e intenta evitarla con todos los medios de que dispone. Por otro lado, sabemos que en apicultura no se puede llegar al éxito sino es yendo, en cierta medida, en sentido contrario a la naturaleza. Si queremos evitar fracasos y desilusiones, es necesario observar algunas limitaciones que ésta última impone. Como podemos observar en las tendencias propias de la naturaleza, con la endogamia la abeja se vuelve muy vulnerable – un hecho que no ha sido reconocido hasta hace poco tiempo, pero del que somos perfectamente conscientes desde hace más de cuarenta años. La acentuación de esta o aquella calidad, la intención o el objetivo de formar una raza pura, pueden ser alcanzados solamente con una correspondiente medida de endogamia que, si no es utilizada a gran escala, llevará inevitablemente a una pérdida de vitalidad. Esta pérdida se manifiesta en distintas formas y, a menudo, en formas oscuras e insidiosas. Cuando la endogamia es empujada más allá de un determinado nivel, su resultado será inevitablemente la ruina de la variedad.

Mientras el desarrollo y el uso de la raza pura es casi universalmente considerado un fin en sí mismo, en Buckfast nosotros lo consideramos esencialmente un paso necesario en la producción de cruces específicos. Solamente así podemos esperar alcanzar todas las ventajas que la raza pura puede ofrecer.

d. Cría de híbridos

Si miramos a nuestro alrededor, nos damos cuenta de que todos los progresos dignos de nota en agricultura, en la crianza de animales y también en la vegetal, han sido alcanzados gracias a la hibridación. En realidad, el nivel de producción hoy día en todas las ramas de la agricultura sería inconcebible sin la ayuda de la hibridación que, más allá de toda duda, es la clave del progreso efectivo en el desarrollo de las razas domésticas y de las plantas. La abeja de miel no es la excepción. Si nos guiamos por nuestra experiencia, el apicultor, tanto para su deleite como para su provecho, puede permitirse menos fácilmente otros tipos de crianza o desconocer las ventajas ofrecidas de esta manera de selección.

La selección de la variedad pura ocupará siempre un rol importante en la apicultura, pero a menudo, en relación a ésta, respecto a cuánto puede garantizar una reflexión objetiva y la experiencia práctica, se espera demasiado. Fracasará – y tiene necesariamente que fracasar – cada vez que se espere un sustancial incremento en las prestaciones. Al contrario, las variedades híbridas pueden asegurar cosechas más consistentes con una certeza casi infalible.

Al cruzar a las abejas, nos encontramos frente a toda una serie de insólitos problemas, y a menudo nos tropezamos con nuevos e inesperados éxitos. Por ejemplo, los cruces recíprocos raramente son idénticos. Unir la mansedumbre a la mansedumbre no es sinónimo de obtener una mansedumbre mayor, sino solamente igual a aquella mansedumbre originaria: en ciertos casos, incluso podemos obtener un temperamento agresivo. Pero puede darse también al revés, es decir, que los padres de mal temperamento puedan dar origen a una descendencia excepcionalmente mansa. En cierto modo, los frecuentes resultados inesperados conseguidos con la hibridación son, sin duda, responsables de la confusión de visiones en su importancia en apicultura.

Para empezar, quiero ocuparme del inusual fenómeno de la diferencia existente entre la influencia de la parte materna y de la paterna. Desde la experiencia práctica, sabemos que, con pocas excepciones, es la reina la que ejerce una influencia determinante en su progenie. Esto vale tanto en la fecundación endogámica como en la fecundación híbrida. Desde mi punto de vista, uno de los ejemplos más clásicos de esta predominancia es la transmisión de la resistencia o de la vulnerabilidad a la acariosis. No hace falta decir que, si los zánganos descienden de una línea vulnerable, esta vulnerabilidad se manifestará inevitablemente en las siguientes generaciones. Lo mismo vale también cuando la reina transmite una alta vulnerabilidad. Esta prevalencia de la herencia materna en la hibridación de las abejas de miel es de gran importancia práctica: nos permite evitar o modificar determinadas características que, en sus formas más intensas, son indeseables. De hecho, la predominancia materna no se afirma en todas las características. En realidad, éstas no se manifiestan de forma tan inequívoca como lo es en la acariosis. Por ejemplo, hemos encontrado que en las reinas sirias hibridadas con zánganos Buckfast, la extrema agresividad de las reinas sirias resulta muy modificada: en este caso es la influencia del lado paterno el que predomina en su más extrema forma de agresividad.

A partir de este caso que acabo de comentar, con razón se podría sacar la conclusión de que, en relación a la índole, es el zángano el que tiene la influencia predominante, confirmando una opinión largamente difundida. Como he subrayado anteriormente, la mansedumbre conyugada con la mansedumbre no da invariablemente una mayor mansedumbre, sin embargo, podría dar origen ocasionalmente a un mal carácter. Por ejemplo, la abeja caucásica es universalmente reconocida entre todas las razas como una de las abejas con el carácter más manso, sin embargo, cuando es apareada con un zángano italiano, la descendencia que saldrá puede ser de carácter muy contrario al manso. Lo mismo vale para la cárnica cruzada con el zángano de Buckfast, y una vez más, por el apareamiento inverso. En realidad, los cruces derivados de una particular variedad de cárnica ampliamente apreciada en toda Europa central, a menudo se han relevado casi inmanejables.

La fecundidad es pues, una característica sujeta a variaciones en el primer cruce, aunque se considera comúnmente que una reina F-1* sea invariablemente prolífica de manera excepcional. Según nuestras experiencias, el vigor del híbrido, o heterosis, no tiene ninguna experiencia en la fecundidad en el primer cruce cárnica-Buckfast, cárnica-italiana, y cárnica-griega. La disposición de la cría es claramente más compacta, pero en la primera generación no hay un aumento significativo, ni en la superficie del nido, ni en la deposición de los huevos. Una fecundidad mucho mayor seguramente se manifestará en las generaciones siguientes. Por otro lado, los cruces recíprocos Buckfast-cárnica, italiana-cárnica, y en particular, griega-cárnica, en el primer cruce producen el resultado contrario, es decir, una fecundidad notablemente aumentada. Los cruces chipriota-Buckfast, anatoliaca-Buckfast y especialmente griega-Buckfast, son ejemplos clásicos de un marcado aumento de la fecundidad en la generación F-1[1]. El cruce anatoliaca-Buckfast es más bien inusual, porque las reinas anatoliacas puras, si son juzgadas con los estándares actuales, son muy poco prolíficas.

Podría mencionar muchos casos inconvenientes verificados en la primera generación de híbridos. Una cosa parece ser cierta: en la crianza de los híbridos de la abeja, raramente estamos en condiciones de poder predecir los resultados individuales con un determinado grado de certeza. Solamente la experiencia puede dar una indicación de las particularidades que un determinado cruce podría manifestar.

Dejando a un lado el alcance de una combinación de un particular conjunto de características, cuando dos razas distintas son cruzadas se adquiere una calidad añadida de gran valor económico, es decir, el vigor del híbrido, conocido también como heterosis. En realidad, si no fuese por la heterosis, la hibridación perdería mucha de su importancia comercial. La heterosis produce el resultado contrario de la fecundación endogámica: estimula, a distintos niveles, la vitalidad en general, la salud, el desarrollo y la productividad. En el caso de las abejas, todo esto es particularmente evidente. Como dato de hecho, la alta vulnerabilidad deriva de la endogamia y la clara tendencia por parte de la naturaleza a evitar apareamientos entre individuos estrechamente emparentados - esta forma de endogamia más cerrada que, a veces se verifica en otros seres vivos, entre abejas no es ni siquiera posible – indica que la abeja es un sujeto particularmente apto para la hibridación y el aprovechamiento de la heterosis. Esto es un hecho según nuestra experiencia, las pruebas recogidas y los resultados positivos de los apareamientos controlados.

1 Here the descending generations are indicated: F-1 indicates the first, F-2 the second and so on.

e. La influencia de la heterosis

Las críticas negativas que circulan sobre el valor económico de la hibridación están basadas, en mi opinión, en una incompleta valoración de las insólitas reacciones que la heterosis pone en juego en el caso de la abeja. Es evidente que el proceso normal de los apareamientos casuales no es muy recomendable, aunque haya excepciones y continuamente nos encontramos casi con prestaciones superlativas. Pero éstas son el resultado de la casualidad, y desafortunadamente los resultados casuales, por norma, no pueden reproducirse a placer. Incluso, nuestros intentos de hibridación controlados han desvelado que, en la abeja, los retornos más satisfactorios desde el punto de vista económico a menudo no se obtienen con el primer cruce, como en el caso de la selección de los animales domésticos o de las plantas, sino en las generaciones de híbridos siguientes. El hecho de desviarse de las normas universalmente aceptadas puede ser fácilmente explicado, aunque, siendo conscientes de esto, nunca nadie intentó hacerlo.

Hay que considerar que la heterosis aumenta, no solamente la cantidad y las inclinaciones deseables, sino también las indeseables. Entre estas últimas tenemos que incluir la tendencia a la enjambrazón. Un instinto básico como este tiende a prevalecer sobre todas las demás cualidades, con el resultado de que el primer cruce, a menudo, disipa las propias cualidades excepcionales enjambrando de manera incontrolable. De hecho, esta irrefrenable propensión está ya muy atenuada en la segunda generación F-2, dejando pleno campo a la acción de las cualidades de interés económico. Sobre el tema de la enjambrazón, se trata obviamente de una disposición hereditaria que reside exclusivamente en las abejas.

Las posibles consecuencias económicamente negativas de la heterosis y su consecuente enjambrazón pueden, quizás, ser evidenciadas de forma convincente desde una experiencia práctica. En una ocasión, estábamos comprobando un criadero de reinas de una variedad suiza bien conocida, cruzadas con un zángano de los nuestros. En este año en concreto, nuestra media por familia ascendía a 45 libras; este particular primer cruce no nos trajo más de 22. La enorme diferencia en la cosecha se había debido a la contundente propensión de este híbrido a la enjambrazón, a pesar del hecho de que la variedad materna, en su patria de origen, fuese muy apreciada por su propensión a no enjambrar. Este ejemplo muestra que la diferencia de rendimiento económico resultante de una extrema propensión a enjambrar puede asumir una dimensión relevante. En Buckfast, hemos adoptado la norma de que, cuando estamos trabajando con una variedad no conocida, hay que testar estos cruces en escala reducida. Esta es aplicada también cuando sabemos por experiencia que la heterosis en un caso particular acentuará demasiado el instinto de enjambrazón. En casos de este tipo, una amplia selección basada en un número importante de colonias en el primer cruce parece no llevar a ninguna ventaja.

Atendiendo a nuestros resultados, los que siguen son los ejemplos más significativos de esta categoría, ya que en la siguiente generación – tanto en el cruce hacia atrás como cruzados entre ellos – dan resultados de extraordinario valor económico: reinas francesas y zánganos de Buckfast; suiza y Buckfast; púnica y Buckfast; cárnica y Buckfast. Tenemos la prueba concreta de que, si utilizamos un zángano de otras razas o variedad en cada uno de estos cruces, la tendencia a la enjambrazón aumentará.

Un determinado número de primeros cruces son la opción intermedia. En éstos, la heterosis tiene una clara influencia en la enjambrazón, pero la productividad no viene condicionada de manera negativa como en los casos recién nombrados. En esta categoría incluiría reinas chipriotas y Buckfast; siria y Buckfast; caucásica y Buckfast.

En los dos grupos anteriores, hay excepciones en las cuales la heterosis no produce materialmente una tendencia a la enjambrazón, por lo cual podemos recoger los máximos beneficios de la heterosis ya en el primer cruce. Según nuestros datos, estos son: anatoliaca y Buckfast; Buckfast y cárnica o griega; griega y Buckfast o cárnica.

Solamente los últimos cruces, según mi opinión, son convenientes desde el punto de vista económico para la mayoría de los apicultores. Quizás, tengo que subrayar el hecho de que, si nuestro trabajo de experimentación está principalmente basado en la variedad Buckfast, de alguna manera los resultados similares vendrían conseguidos con la sustitución de reinas y zánganos de origen italiano.

Me he ocupado brevemente del problema de la hibridación desde el punto de vista práctico del apicultor, y he indicado cómo aprovechar la heterosis para sacar las mejores ventajas. Pero la hibridación tiene, en realidad, mucho más que ofrecer: nos proporciona las herramientas a través de las cuales podemos formar artificialmente nuevas combinaciones, nuevas razas. Creando estas nuevas combinaciones, el seleccionador llega a un producto que tiene valor permanente. La totalidad de los beneficios económicos de una nueva combinación, a su vez, saldrá a la luz gracias a la heterosis nueva y potenciada, dado que en la formación de un cruce serán más productivas las variedades de origen utilizadas y más marcada será la heterosis. Además de esto, cada nueva combinación resultará un paso adelante en el progreso general de la selección y en las perspectivas económicas de la apicultura.

Tendría quizás que decirlo con más énfasis: los cruces aquí indicados eran, en tal caso, el resultado de fecundaciones controladas. Nuestra variedad forma la base de estos experimentos y, al mismo tiempo, el estándar o medida con la cual han sido evaluados los respectivos resultados.

Si he nombrado solamente un número relativamente restringido de cruces, nuestros experimentos de selección, de hecho, abarcan casi todas las razas de abejas de miel conocidas.

He puesto en relieve la incertidumbre de previsión de los resultados en la hibridación, subrayando que la mansedumbre cruzada con la mansedumbre no da invariablemente una mansedumbre mayor. Pero es igualmente posible que ocurra al contrario. En 1.938 obtuvimos una variedad de caracteres extraordinariamente templado, que habíamos desarrollado desde un cruce francés-Buckfast. La variedad se demostró de hecho mansa, a un nivel que nunca hubiésemos adivinado, y era bastante diferente de las razas de cualquier origen bajo nuestra atención. Su color era dorado oscuro, y sus características económicas se acercaban a la perfección en todo lo que podíamos desear. Desafortunadamente, estaba aquejada de un grave defecto: la parentela francesa le había legado una extrema vulnerabilidad a la acariosis. Y esta vulnerabilidad era de tal magnitud que la variedad veía menguado su valor económico.

2. Nuestros objetivos en la selección

Hasta ahora, he expuesto las principales consideraciones que están en la base de nuestra metodología de selección, intentando también demostrar que el desarrollo de nuestra variedad nunca ha sido considerado, por nuestra parte, un fin en sí mismo. De hecho, consideramos nuestra variedad principal un punto de inicio para ulteriores cruces y combinaciones aún más fiables. Nuestro constante esfuerzo ha estado encaminado a combinar, fijar e intensificar todas las mejores características que influyen en la prestación de esta variedad, mientras nuestro fin último es crear una abeja que pueda proporcionarnos la máxima cosecha media con el mínimo esfuerzo y el menor empleo de nuestro tiempo.

El objetivo que nos hemos propuesto abraza, entonces, no solamente las características que tienen que ver directamente con la prestación, sino también todo aquello que contribuye al seguimiento de nuestro segundo fin específico, es decir, la máxima reducción del trabajo y del tiempo empleado para atender una colonia. Parece pues esencial, para garantizar el éxito de los preparativos, una brillante evaluación de las posibilidades y de las limitaciones que debemos atender. Por esta razón, me parece oportuno proponer un listado detallado de las características más importantes, enumerándolas según su importancia.

a. Características primarias

1. Fecundidad. Una adecuada fecundidad es el requisito primario, porque sin familias de máxima fuerza no se puede alcanzar la cosecha óptima. Solamente la fecundidad, como es lógico, no es el hecho decisivo, sino la base esencial de una prestación excelente. Una reina que, en un determinado punto del desarrollo de la colonia, no sea capaz de rellenar ocho o nueve cuadros de cría Dadant, no tiene las características necesarias para nuestros objetivos. Además, esta extensión del área de cría tiene que ser alcanzada y mantenida espontáneamente, sin estimular artificialmente.

Soy consciente de que estos dictados son contrarios a las ideas que a menudo he expresado. La afirmación "no queremos abejas, sino miel" es claramente un absurdo, y naturalmente no queremos abejas que transformen cada libra de miel recogido en cría. Hay, como puedo observar, variedad en estos casos. No es menos importante que las abejas recojan la miel, y cuanto más vigorosa es una colonia del tipo justo de abejas, mayor será el potencial de recogida de miel de similares colonias. Una característica por sí misma deseable, necesita y presupone toda una serie de alta calidad: siendo realistas, no podemos considerar esto una característica aislada. Entre una característica y otra hay interdependencia, como en una cadena un eslabón depende del otro, y un solo eslabón no es capaz de desarrollar la función requerida. El alcance del objetivo final está determinado, de hecho, por la medida en la cual las diferentes características se completan recíprocamente las unas a las otras.

En este contexto tendría que subrayar que la fecundidad depende de dos factores: del vigor físico de la reina y de la inclinación de parte de las abejas para acudir a la cría. Como sabemos, en algunas variedades, el impulso de recoger miel es superior respecto a acudir a la cría: en las variedades extremadamente prolíficas se verifica el caso contrario.

2. Laboriosidad. Entre todas las características, una capacidad de trabajo ilimitada es, sin lugar a duda, el requisito más importante. La laboriosidad es la levadura que transforma todas las características de valor económico en ventajas. La abeja es universalmente considerada un símbolo de la laboriosidad, aunque sabemos que hay variedades buenas y nulas, así como otras están constituidas de una laboriosidad inagotable. Como han demostrado nuestros test comparativos, también entre las distintas razas hay grandes diferencias. La laboriosidad está sin duda basada en una serie de características hereditarias de naturaleza acumulativa.

3. Resistencia a las enfermedades. No puede haber obviamente excelencia de prestaciones cuando las enfermedades, de un tipo o de otro, debilitan la vitalidad de una colmena. Una buena salud es el sine qua non de la apicultura de éxito. La tarea de desarrollar las variedades resistentes a las distintas enfermedades es esencial y posee la máxima importancia. Extrañamente, en la cría de las abejas en esta dirección, esto se ha hecho poco o nada, a pesar de las grandes posibilidades, como claramente ha demostrado nuestra propia experiencia. A decir verdad, una iniciativa en este sentido presupone condiciones y disponibilidad que no son normalmente sencillas. Tenemos aun que prestar mucha atención entre resistencia e inmunidad, y hacer evidente que entre la extrema sensibilidad y la inmunidad se manifiesta en general cada grado de resistencia: por lo que he podido corroborar, la posibilidad de verdadera inmunidad puede ser tomada en consideración solamente en los casos de la parálisis aguda y de la cría ensacada. Una alta resistencia a la acariosis, en la medida suficiente para evitar que la enfermedad tenga consecuencias prácticas, puede ser alcanzada fácilmente. En el caso de la nosemosis, el grado de vitalidad parece ser el factor decisivo y la cría endogámica la causa primaria de la predisposición.

4. Desapego a la enjambrazón. Un distanciamiento altamente desarrollado a la enjambrazón sin duda es un prerrequisito indispensable de la apicultura moderna; cuando las abejas, según el uso primitivo, eran mantenidas en cestas de mimbre, se verificaba el caso contrario, porque la enjambrazón era la única vía para que las colonias se propagaran y se multiplicaran. En la apicultura moderna, la enjambrazón no solo es causa de un ingente trabajo extra y de tiempo perdido por parte del apicultor, sino a menudo también, responsable de una seria reducción en la cantidad de miel producido de una colonia. En realidad, una raza o variedad de abeja constituida de características deseables pero inclinada a la enjambrazón, desde el punto de vista práctico, se demostró de poco valor, porque todas sus cualidades de importancia económica eran disipadas en la inútil enjambrazón. El caso del híbrido suizo que ya he comentado es un ejemplo clásico.

Mientras que una abeja que no enjambra está sin duda fuera de nuestras portadas, las variedades que normalmente enjambran solamente en circunstancias excepcionales son ciertamente posibles, de hecho, están ya a nuestra disposición. Ulteriores progresos en la dirección de una variedad que no enjambra parecen solamente una cuestión de tiempo y perseverancia.

b. Características secundarias

Fertilidad, laboriosidad, resistencia a las enfermedades y desapego a la enjambrazón son, desde mi punto de vista, las características basilares para el aspecto económico, y a la hora de la selección son nuestro objetivo primario. Las características que paso a enumerar ahora no son esenciales de la misma manera, pero son de gran importancia, dado que cada una contribuye con su cuota a la intensificación de la capacidad de recogida de la miel de una colmena. Aunque debemos necesariamente considerar cada característica más o menos independiente, nunca tenemos que perder de vista la realidad de la interpretación e interacción, y además su efecto acumulativo sobre la prestación. Por otro lado, un defecto grave puede dejar sin valor una combinación completa de características deseables.

1. Longevidad. Esta es, según mi opinión, la característica que tiene que abrir el elenco en esta sección. Supongo que nadie querría poner en duda el hecho de que en la longevidad de las abejas existen diferencias sustanciales. Y se trata de una condición hereditaria que, como indica nuestra experiencia también, en la selección proyecta grandes posibilidades de mejora. La prolongación de la expectativa de vida de una abeja, aunque solamente de pocos días, significará un correspondiente aumento en la fuerza de aprovisionamiento y de capacidad de una familia. A su vez, significará una mejor prestación de la colonia, sin costes adicionales.

La longevidad, como he podido comprobar, se basa en dos factores: uno es el hereditario y el otro es la calidad y la abundancia de nutrición asumido durante el breve periodo en el cual la abeja es larva. Nos encontramos frente a dos distintas inclinaciones hereditarias. Algunas razas, en particular la anatoliaca, la cárnica y las variedades oscuras de la Europa occidental, tienen una larga vida, un hecho que se refleja también en la longevidad de las reinas. Una duración de vida que, en el caso de las reinas llega a cinco años en estas razas, no es una experiencia fuera de lo común. Por otro lado, entre fecundidad y longevidad parece haber una relación. Las variedades muy prolíficas – con posibles excepciones – tienen invariablemente vida breve; una longevidad excepcional, al contrario, se encuentra entre la variedad moderadamente prolífica. Nuestra anterior abeja indígena era probablemente uno de los ejemplos más extraordinarios de longevidad.

2. Fuerza de las alas. La capacidad de aprovisionarse más allá del rayo de vuelo comúnmente aceptado puede constituir, en el rendimiento de una colmena, un factor de importancia concreta. También aquí he observado diferencias sustanciales: el ejemplo más notorio era la abeja indígena inglesa. Hasta el momento de su extinción, obtuvimos regularmente una

cosecha de miel de erica de las colmenas situadas en el territorio de la abadía. La erica más cercana está a 2 millas y ¼ desde Buckfast y alrededor de 1200 pies más elevado que la abadía. A pesar de la distancia y la distinta elevación necesaria, las colmenas de abejas indígenas y las cruzadas en 1.915 consiguieron recoger casi 90 libras de miel de media, incluyendo las reservas invernales.

3. Olfato agudo. Se puede presumir que una excepcional fuerza de las alas va ligado a un agudo sentido del olfato. Si este sentido no estuviese desarrollado, una abeja no estaría tentada de aprovisionarse más allá de una cierta distancia. Esta condición hace dudar todavía de sus ventajas, porque tiende a llevar al pillaje. En realidad, mis observaciones me han empujado a creer que las dos condiciones son complementarias. Las colonias con prestaciones excepcionales, donde hay una oportunidad de pillaje, parecen llegar siempre antes.

4. Instinto de defensa. El remedio más eficaz contra el pillaje es un acentuado instinto de autodefensa. Un instinto de defensa altamente desarrollado es un requisito esencial en los apiarios modernos, donde muchas familias viven cerca y donde, en la época de carestía, las colmenas tienen que ser revisadas. Esta condición está muy desarrollada en las razas de Medio Oriente, donde la lucha contra innumerables enemigos, que las abejas en las regiones más temperadas no tienen que afrontar, ha sido sin duda responsable del gran desarrollo y de la intensificación de este instinto.

5. Vigor y capacidad de superar el invierno. En la abeja, el vigor comprende un determinado número de aspectos. La clave no es tanto la resistencia al frío extremo, como la capacidad de salir del invierno con reservas de calidad inferior para largos periodos sin un vuelo de limpieza, así como la capacidad de reaccionar a ásperos cambios de temperatura, molestias, etcétera. Por ejemplo, la cárnica en invierno vuela cada mínima subida de la temperatura encima de los 40° F, pero sin ningún fin útil. Colmenas de nuestra variedad, en condiciones idénticas, se quedan perfectamente quietas – y por este hecho se comportan como si estuviesen muertas desde el comienzo de noviembre hasta cuando llega la ocasión para un buen vuelo de purificación, a final de febrero o a principios de marzo. Cada actividad no necesaria, en condiciones climáticas adversas, en invierno o en primavera, comporta un inútil gasto de energía y pérdida de abejas.

6. Desarrollo primaveral. La manera en la cual las colmenas afrontan el comienzo de la primavera dentro determinados límites, está determinado por la heredabilidad genética. Algunas razas, en particular la cárnica,

empiezan a desarrollar la cría prematuramente, antes de que las condiciones climatológicas sean de verdad propicias. Las colonias con esta índole gastan así su vitalidad en vuelos e iniciativas que han resultado limitadas y poco útiles y, como la experiencia ha demostrado ampliamente, esta precocidad a menudo lleva a graves contratiempos cuando sobrevienen prolongados periodos de tiempo averso. Además, la pérdida de fuerza convierte a las colmenas de este tipo en vulnerables a la nosemosis.

Nosotros preferimos criar variedades que retrasan la represa hasta el momento de la primavera en el cual se instauran las condiciones más estables, es decir, cuando la abeja puede salir para aprovisionarse con buen éxito. En muchos casos, estas abejas que parten de manera tardía consiguen acumular cantidades sorprendentes, y superan en vigor a las variedades precoces. El ejemplo más sorprendente entre aquellas colmenas que represan tarde y acumulan rápidamente es sin duda la anatoliaca. En realidad, hablando de esta característica particular, esta raza representa el ideal, y ninguna otra variedad la sabe superar en este aspecto.

Junto a esta característica tiene que darse otra igualmente importante: una vez que acaba de empezar la represa primaveral, ésta tiene que seguir espontáneamente sin dejarse influir por los cambios climatológicos y sin necesidad de estimulación artificial.

7. Parsimonia. La parsimonia o frugalidad es una característica estrictamente conectada con el desarrollo anual de las colonias. También aquí nos encontramos frente a grandes diferencias entre una raza y otra. Considero la anatoliaca un clásico ejemplo de frugalidad; las variedades italianas desarrolladas en América son, en cambio, abejas casi estrictamente disipadoras. La falta de una apropiada frugalidad, según mi opinión, es uno de los defectos más graves de muchas de las variedades actuales. Es una característica a la cual, en la selección a lo largo de los años, siempre hemos dedicado mucha atención.

8. Instinto de autoaprovisionamiento. En una variedad con una buena calidad de la cría, esta característica normalmente se manifiesta antes del término de la temporada, cuando asegura una adecuada reserva de miel en los almacenes invernales. Algunas razas y variedades manifiestan esta disposición casi en cada momento de la temporada. La cárnica es, probablemente, la más proclive al almacenamiento en el nido, mientras que la italiana representa el otro extremo. Los requisitos de la apicultura moderna requieren un equilibrio entre estos dos extremos. La efectiva cantidad de reservas que una colmena posee cuando regresa de los brezales juega un rol importante en nuestra evaluación y en la selección de las reinas destinadas a la reproducción.

9. Construcción de los panales de cera. Esta es otra importante característica que influye sobre otras varias cualidades, en particular en la enjambrazón. El impulso de construir panales de cera parece incrementar el entusiasmo por cada forma de actividad que tenga una respuesta económica. En realidad, cuando una colmena está activamente empeñada en construir panales, se puede afirmar que todo funciona a la perfección.

Entre todas las razas que conozco, la vieja indígena inglesa era la mejor constructora de cera. De alguna manera, conseguía construir las celdas reales con extrema facilidad, y con una perfección casi inigualada por otras razas. En nuestra variedad hemos conseguido mantener esta preciosa característica en una medida satisfactoria.

Estrictamente conectada con la construcción de los panales, está la evidencia de construir celdas de zánganos. Naturalmente, la construcción de las celdas de zánganos y la alimentación de estos últimos, cuando supera una cierta medida, son antieconómicos. Los híbridos, normalmente, tienden a hacer extrema esta situación, en particular cuando reciben alimentación artificial, mucho menos cuando tienen que trabajar para sobrevivir. Pero con la selección se puede hacer mucho para mitigar esta tendencia.

10. Recolección del polen. El impulso de recolectar polen no tiene que ser confundido con la recolección de néctar. Las italianas raramente han sido dadas a recoger polen en exceso, y lo mismo en el caso de la cárnica. El grupo de las razas de Europa occidental, y en particular la variedad francesa, en su conjunto pueden ser clasificadas como grandes recolectoras de polen. La francesa lleva polen a través del excluidor de reina y lo almacena en las alzas. Este fenomenal impulso es hereditario, y en las regiones pobres de polen – o donde hay mayor consideración para la polinización de los cultivos –, esta condición resulta económicamente apreciada, especialmente donde hay escasez de polen en los meses otoñales, dado que una insuficiencia en esta época del año es generalmente considerada una causa primaria de nosema.

c. Características de importancia indirecta

Las características discutidas hasta ahora influyen directamente en la producción de miel. Ahora podemos centrarnos en otras que no influyen en la producción, pero son esenciales para la realización de nuestro objetivo secundario, es decir, la reducción al mínimo del tiempo y del trabajo requerido en el cuidado anual y la atención necesaria para garantizar, por cada colonia, el máximo resultado en la producción. Los puntos incluidos en este grupo facilitan la tarea del apicultor; algunos poseen también un valor económico y alguno estético.

1. Temperamento templado. A pesar de que los apicultores tengan opiniones divergentes en el valor de muchas cualidades, están casi en total acuerdo en una cosa: evaluar positivamente el temperamento templado de las abejas. Me he tropezado con una sola excepción, y en este caso, el mal temperamento era de particular valor porque tenía lejos a los ladrones.

Un mal temperamento hace más dificultosa cualquier tarea, ralentiza el trabajo a causa de una injustificada pérdida de tiempo, sin mencionar el constante peligro de lamentables incidentes con vecinos y ganaderos. Para nuestra gran suerte, la mansedumbre es un factor hereditario que puede fácilmente ser añadido a cada variedad de abejas. De hecho, no hay dificultades para seleccionar, en el arco de pocas generaciones, abejas de buen temperamento desde un cruce de la peor variedad de "picadoras". A veces, se cree que hay una relación entre temperamento y prestación, y que en la transmisión de un temperamento bueno o malo el zángano juega un rol decisivo. Puede que a veces esto sea así, pero no se trata de una verdad universal.

El mal temperamento, en algunas razas, a menudo está ligado a una decisiva agresividad, especialmente en las variedades de la Europa occidental. Abejas de este tipo pican sin ninguna provocación y pueden resultar peligrosas de verdad. En realidad, yo considero esto un factor distintivo de la raza de abeja de la Europa occidental. Las razas del Medio Oriente, por otro lado, no atacan casi nunca a nadie sino son provocadas, pero entonces atacan en masa y también a distancia considerable desde sus apiarios con una agresividad que no conoce igual.

La idea de una abeja sin aguijón es, naturalmente, un castillo en el aire. Pero una abeja que no utiliza su aguijón, o que lo haga solo en circunstancias excepcionales, me parece una posibilidad concreta.

2. Comportamiento tranquilo. Las abejas que se quedan tranquilas cuando son manejadas, hacen el trabajo mucho más fácil. El tipo nervioso, que cae de los cuadros o que tiende a moverse alrededor mientras se examina una colonia, convierte la individuación de la reina una tarea muy difícil y que necesita tiempo. Las abejas muy nerviosas parecen particularmente vulnerables al nosema, sin hablar de las demás desventajas. La cárnica es, sin duda, el ejemplo clásico de comportamiento tranquilo durante la manipulación. Es una cualidad que nosotros apreciamos sumamente, en todos los aspectos.

3. Reluctancia a propolizar. La costumbre de la mayoría de razas a cubrir los interiores de la colmena con un revestimiento de propóleo, es uno de los factores más desagradables, porque puede aumentar sensiblemente el trabajo del apicultor. Hemos hecho muchos esfuerzos para intentar erradicar este factor, pero es una característica conectada a una cantidad

de otros factores. La abeja egipcia no utiliza el propóleo y la cárnica, por lo menos algunas de sus variedades, usa la cera en lugar de la sustancia resinífera. Existe pues la esperanza de que la inclinación a usar el propóleo pueda ser por fin eliminada.

4. Ausencia de puente de cera entre los panales. La presencia de un puente de apoyo entre los panales, que muchas razas y variedades construyen entre ejes superiores, entre tapas y demás, es otro factor indeseado. Esto convierte la inspección y la manipulación de los cuadros, no solamente en una tarea difícil, sino que – si el puente de cera no es eliminado – causa también la muerte de muchas abejas, y a veces también la muerte por aplastamiento de la reina. La caucásica presenta esta característica en la forma más fuerte; la chipriota no presenta ningún factor de esta clase. En las condiciones primitivas, sin duda el puente de cera de apoyo tenía un objetivo, pero en la colmena moderna es un fastidio inútil. Por suerte, es una condición que, con atenta selección, puede ser fácilmente eliminada.

5. El arte de hacer excelentes opérculos. Donde se produce la sección de miel directamente en el panal, los buenos opérculos son muy importantes. El arte de construir opérculos excelentes es un factor que parece conectado a muchos otros con los cuales hay interdependencia. Si en cierta medida hemos conseguido fijar esta fugaz capacidad, no hemos sido capaces de ningún modo de obtener la capacidad ideal que poseía nuestra anterior abeja indígena: sus opérculos representan un estándar de perfección, una excelencia que nunca jamás ha vuelto ser alcanzada.

6. Agudo sentido de la orientación. Un sentido de la orientación altamente desarrollado contribuye asegurar que las abejas vuelven a sus colmenas, evitando de esta manera muchas desventajas y riesgos que el fenómeno de deriva conlleva. En los países donde, desde tiempos inmemorables, las colonias están colocadas cerca entre ellas, como se suele hacer hoy en día en el Medio Oriente, la deriva es prácticamente desconocida. En el transcurrir de centenares de millones de años, la naturaleza ha eliminado a los individuos que tenían un sentido de la orientación defectuoso. El caso más extraordinario de un sentido de la orientación altamente desarrollado lo encontramos en las razas siria, chipriota y egipcia; a nivel inferior, en la cárnica y, por último, la italiana. Ya he indicado las desagradables experiencias de la deriva. Los riesgos que ésta conlleva pueden ser, en cierta medida, reducidos colocando las colmenas de forma irregular. Mientras un sentido de la orientación altamente desarrollado en tales circunstancias no es tan importante, sin duda es una capacidad de gran valor si se quiere prevenir una indebida pérdida de reinas a la vuelta de sus vuelos de

fecundaciones. Sobre las pérdidas que se padecen de esta forma, nosotros hemos desempeñado muchas mediciones bastante precisas para determinar la habilidad de orientación manifestada desde las distintas razas o de una particular variedad. En nuestros test comparativos, las razas orientales se han clasificado netamente en las primeras posiciones. En realidad, hubo un caso a final de agosto de 1920, cuando las condiciones climatológicas eran todavía favorables, en el que de una batería de 110 reinas chipriotas en total solamente una no volvió. En general, la pérdida media asciende alrededor del 18%.

En general, estas son las características principales que hemos tomado en consideración en la hibridación y desarrollado en nuestra variedad. Hay numerosos otros factores y características genéticas – de tipo deseable o indeseable – pero no tendría sentido enumerarlas aquí, dado que estas son prevalentemente de importancia científica y no práctica. Además, como se podría afirmar, la abeja no está exenta de extrañeza y anomalías.

Considerando las cosas de forma más general, las prestaciones dependen de la interacción de una serie completa de predisposiciones hereditarias, y cuanto más estos factores se integren recíprocamente, más alto será el nivel de prestación. Además, si no damos un particular valor a las características externas y a la uniformidad de color, cuando se realizan nuevos cruces, éstos son sin duda indicadores útiles.

Siempre he prestado constante atención a las cualidades apreciables de la antigua abeja indígena inglesa. Es innegable que esta abeja estaba en feliz posesión de un número de cualidades casi excepcional. En realidad, en todos mis experimentos, he hecho referencia a sus características como un modelo de perfección.

Pero, como hemos visto, esto no es de menor importancia respecto a otros factores igualmente importantes presentes en las otras razas. En la abeja originaria inglesa no había ninguna ambición de absoluta superioridad y, de hecho, tenía una cantidad de graves defectos. Aseverar que una abeja indígena tiene que necesariamente resultar superior en su hábitat natural es completamente errado. Aserciones de este tipo están, normalmente, fundadas en la suposición de que, en el transcurrir de innumerables millones de años, la selección natural ha producido una abeja que se adapta lo más posible a las determinantes condiciones de su entorno. Desafortunadamente, este argumento por sí mismo plausible, se basa en una premisa errada: como ya he subrayado, la naturaleza no selecciona nunca poniéndose como objetivo la prestación, y aun menos por un alto estándar de las prestaciones. La naturaleza, en cada momento y lugar, ha seleccionado para alcanzar el mantenimiento y la difusión de las especies particulares. Esta, además, no habría podido de ninguna manera hacer lo que hace el más avanzado apicultor, es decir, elegir y desarrollar un particular factor aún no presente en un individuo. Tampoco la naturaleza podría reunir las diferentes razas que poseen características apreciadas y que tienen sus hábitats en partes muy diferentes en el mundo. La naturaleza ha dejado esta tarea, y la realización de sus inmensas posibilidades, a la iniciativa de la apicultura moderna.

d. La importancia de los test comparativos

En la selección de las abejas, no podemos esperar alcanzar ningún éxito económicamente significativo sin recurrir a test comparativos fiables y a experimentos a gran escala que, efectivamente, nos provean de datos que indiquen lo que sea necesario. El propio tipo de evaluación es uno de los problemas más complejos. Los resultados obtenidos son siempre de naturaleza relativa: relativa a esta o aquella raza, variedad, línea genética; relativa a entornos y circunstancias distintas. El mismo flujo nectarífero está subjeto a grandes fluctuaciones a lo largo de los años y depende de una zona u otra. En una distancia de pocas millas, puede existir una diferencia sustancial relativa al flujo nectarífero y a cada aspecto de la apicultura. En realidad, los resultados que conseguimos tienen que ser siempre considerados relativamente a un determinado año y a particulares circunstancias ambientales. Dos años nunca son iguales.

Aunque en la evaluación de las prestaciones y de las producciones, necesariamente, tenemos que tomar en consideración las circunstancias particulares, los errores en la evaluación, normalmente derivan de distintas fuentes. Pero una comparación verídica no puede llevarse a cabo si no es realizando comparaciones más amplias también entre otras variedades de la misma raza – y cuando sea posible, de otras razas – alojadas en el mismo apiario o en los mismos apiarios, y en el mismo momento, lo cual nos puede dar resultados útiles y fiables. Además, cuanto más omnicomprensiva sea la escala de estos test, más fiable será la evaluación, y con ésta, el éxito de las elecciones finales.

Nuestros test comparativos están proyectados para excluir, cuanto sea posible, la eventualidad del error. Nuestros diez apiarios se encuentran en localizaciones con condiciones de flujo nectarífero marcadamente diferentes. En algunas, el terreno es arenoso y ligero, en otras, tiene una composición media; otra tiene una composición arcillosa. En las estaciones secas, en las localizaciones más arcillosas, tenemos las mejores cosechas de trébol blanco casi puro, pero en las estaciones muy húmedas, esta cosecha es inviable. También, el comienzo del invierno en terreno arcilloso es siempre problemático, debido a la excesiva humedad. En los terrenos arenosos se verifica, en cambio, lo contrario. El desarrollo primaveral tiene particularidades diferentes en cada lugar. En los valles en los cuales tenemos los colmenares de forma permanente, raramente hay mucha nieve, pero en Dartmoor –donde está situada la estación de apareamiento y donde las jóvenes reinas son sometidas a sus test en el inicio de los núcleos –, las condiciones climatológicas son excepcionalmente duras tanto en verano como en invierno.

En todos los apiarios tomamos particulares medidas para prevenir la deriva que, como ya he mencionado, puede llevar a una falsa evaluación de las prestaciones de las colonias. Las reinas de una particular línea genética o cruce son distribuidas en el mismo número en cada apiario, para permitirnos acertar de la manera más precisa posible sus respectivas cualidades y habilidades. En 1.949, por ejemplo, conseguimos en todos los lugares una cosecha media de 145 libras de más por colmena. Incluso, veintidós colonias, todas guiadas por reinas hijas de una particular reproductora (una de las seis reproductoras seleccionadas en el año precedente), hicieron de media 185 libras, es decir, 40 libras más respecto a las otras colmenas. Estas veintidós familias eran distribuidas equitativamente en todos los apiarios. En el mismo año, pusimos a prueba treinta colonias guiadas con reinas de origen suizo: éstas produjeron una media de 22 libras contra una media generalmente de 145.

Continúo afirmando que las diferencias entre las cosechas de las colonias normalmente son mínimas, y que no tiene un significado real. Puede deberse, seguramente, a que todas las reinas pertenecen a una misma variedad y tienen el mismo origen. Pero como siempre he intentado demostrar, podemos obtener comparaciones válidas solamente cuando un número considerable de razas, variedades y cruces son testados uno al lado de otro, en las mismas circunstancias. Cuanto más amplio es el número de colmenas, más fiables serán las comparaciones y sus conclusiones. Los test a pequeña escala, a menudo llevan a grandes equívocos. Se tendrá también que admitir fácilmente que, cuando una selección se efectúa en un número relativamente pequeño de colmenas, una cierta reina productora con cualquier verosimilitud se mostrará inferior respecto a otra elegida entre un número, por ejemplo, diez veces superior. Como ya he indicado al principio, el apicultor se encuentra siempre con resultados y valores relativos.

Ahora tengo que volver, una vez más, sobre una consideración de extrema importancia: la capacidad del nido y su relación con la evaluación de las prestaciones. Como ya hemos visto, un nido que limita la fecundidad de la reina, limitará en la medida correspondiente la potencial capacidad de recolectar miel de las colmenas. El efectivo vigor es reducido por la limitación a un nivel uniforme. No afecta poco en la prestación si verifican, en cualquier caso, fluctuaciones menores debido a la incidencia del apiario, como la pérdida de una reina, la enjambrazón o similares; en medida menor, estas incidencias se deberán a la diferencia de productividad, laboriosidad, fuerza de las alas o a alguna otra disposición hereditaria. Incluso, en el factor esencial, la fecundidad – que determina la potencial capacidad de recolección de la miel de una colmena – inevitablemente tiene lugar una nivelación, o Gleichschaltung (td., "asimilación"). Con la limitación del espacio de la cría, no solamente se adelanta la exclusión de la posibilidad de alcanzar la capacidad máxima de recolección de miel, sino también cualquier posibilidad de una prestación excepcional, y como consecuencia, la base objetiva de una verdadera evaluación. La evaluación, en este sentido, está realizada en colonias de media fuerza o mediocre, cuyas potenciales capacidades dejan un argumento de pura conjetura, y las evaluaciones hechas sobre estas bases llevarán inevitablemente a desilusiones y errores. La deriva, cuando no se han tomado las medidas para prevenirla, es otro factor que, como ya hice notar, puede llevar a evaluaciones completamente erróneas.

Ha sido mi constante intención, cuanto ha sido prácticamente posible, excluir toda incertidumbre y riesgo en la apicultura, y en especial en la evaluación y en la selección de las reinas destinadas a ser usadas como reproductoras. En realidad, hasta que la elección no está basada en test completamente fiables, en la comparación concreta y en su evaluación positiva, la elección de las abejas es un juego a mosca ciega, y no es verosímil que se alcance cualquier progreso en las prestaciones. Claramente, se pueden hacer progresos en el desarrollo de ciertas características visibles, como la uniformidad del color, el temperamento, etcétera, pero el objetivo más importante de todos – la prestación excepcional – no se nos puede escapar.

3. La cría de las reinas

a. Elección de las reproductoras

Aunque puse mucho énfasis sobre la importancia de la prestación excepcional, solamente ésta no puede ser el único criterio para elegir a las reinas reproductoras. La prestación excepcional puede ir acompañada de mal temperamento, o de otros factores indeseables que no tienen influencia en la prestación. La reina de una colmena con mal temperamento, obviamente no será tomada en consideración como reproductora – a menos que esté provista de una serie de condiciones excepcionales deseables que contrabalancee el mal temperamento, porque este último es un defecto que puede ser eliminado fácilmente. De cualquier forma, establecer una guía infalible para la selección de las reproductoras es evidentemente imposible: cada caso tiene que ser juzgado independientemente. Un profundo conocimiento de las características de las particulares razas o variedades, es un prerrequisito indispensable. En asuntos de este tipo, a menudo "la intuición" tiene gran valor, pero bajo mi punto de vista, ésta es una capacidad demasiado ambigua, en la cual preferiría no tener que confiar, ni tampoco en mí mismo.

No puedo negar que estoy al corriente de la existencia de alguna herramienta o indicación que nos permite determinar con antelación el valor reproductivo de una serie de reinas que posean el mismo récord de prestación y características igualmente deseables. También aquí, solamente los test comparativos - en este caso entre un número de reinas hermanas, y luego entre reinas y sus hijas – pueden determinar de manera fiable y definitiva la cuestión. Hasta la conclusión de un test similar de experimentación inicial, la reina reproductora no debe ser empleada a gran escala. Por esta razón, en 1.973 sometimos a veintidós reinas candidatas a la reproducción a test preliminares. La experiencia ha mostrado que, entre un número de reinas reproductoras hermanas, hay invariablemente una que, dentro de su progenie, tanto en la prestación como por alguna otra característica deseable, destaca sobre todas las demás. Vuelvo una vez más al ejemplo de 1.949, cuando veintidós colonias con reinas de una particular reproductora cosecharon de media 40 libras más extra por colmena, que estaba situada en 145 libras. La comparación entre la progenie de reproductoras diferentes nos proporciona, no solamente informaciones muy apreciables, sino también nos da la seguridad de que en la selección estamos en el camino correcto. Hay naturalmente reproductoras que, en un sentido o en otro, no funcionan bien a pesar de todas las precauciones tomadas en su selección inicial, pero éstas serán individuadas en los test comparativos y exploratorios, y esto nos permite eliminarlas antes de que puedan causar algún daño de carácter más duradero, cosa que ocurriría si nosotros confiáramos solamente en la "intuición", y limitásemos nuestra selección solamente a aquellas reinas que parecen ser las mejores. Esta tentación, en realidad, está siempre presente cuando se busca unir el mejor con el mejor; pero, ¿quién es capaz de indicar cuál sea la mejor reproductora sin el tipo de test de la progenie que he indicado? Realmente, sin estos test comparativos y sus evaluaciones, sacados adelante sobre la base más amplia posible, no podemos confiarnos a la suerte en la cuestión de la selección de abejas.

Hasta ahora he descrito cómo son los test en los cuales se basa la selección de las reproductoras del lado materno. Los mismos principios son válidos también para los reproductores del lado paterno – o las reproductoras que proporcionan los zánganos para el apareamiento de las reinas. En la selección y en el control de los machos, las abejas reproductoras sufren un gran hándicap; no podemos decir con seguridad qué colonia producirá los zánganos con las particulares cualidades que deseamos en la más alta concentración.

Hablando más generalmente, los mismos principios valen tanto en la selección de las reproductoras destinadas a proporcionar los zánganos, como en el caso de aquellas usadas para criar reinas. Todavía hoy no podemos someter a los mismos test y evaluaciones a la reina o las colmenas de las cuales quisiéramos obtener zánganos fuertes o resistentes. En la realidad de los hechos, la evaluación de las colonias de los zánganos es limitada y determinada exclusivamente por el pedigrí de la reina que guía cada colonia. En otras palabras, el valor hereditario del zángano se releva en las características manifestadas en las abejas obreras de las reinas abuelas del zángano. Las características que el zángano transmita son derivadas exclusivamente de la madre; éstas a su vez pueden estar influidas por cualidades y prestaciones de sus hermanas, que son la población de obreras que forman la colonia desde la cual desciende la madre del zángano. La prestación de la colonia de los zánganos, formada de las hermanastras de los zánganos, no puede ser usada como prueba directa para juzgar el valor de los zánganos para la selección. Todavía las hermanastras tendrían que manifestar de manera excelente, como garantía de sus valores para la selección, las particulares características que nosotros esperamos trasmitir. Y esto es el criterio final que nosotros aplicamos en la selección de las colonias que nos proporcionarán zánganos.

Tengo que recordar que los progresos recientes en la inseminación artificial han hecho posible conducir test explicativos y evaluaciones con cada particular grupo de zánganos, un hecho que nos ha proporcionado una ayuda de valor inestimable. Esto nos permite determinar con antelación el resultado de cada particular apareamiento – marcando otro paso importante en la selección de la abeja de miel.

b. Cuidado de las reproductoras

Hasta ahora nos hemos ocupado de los aspectos teóricos y prácticos desde los cuales hemos desarrollado nuestro trabajo para seleccionar la abeja de miel. Ahora me gustaría centrarme en el problema de la cría de las reinas y en la consideración principal que gobierna nuestros esfuerzos en esta parte de vital importancia de la apicultura.

La experiencia de toda una vida no deja duda sobre el hecho de que cada interferencia o falta de atención durante la época de desarrollo, desde los huevos hasta cuando la reina se acopla y alcanza la plena madurez, tendrá inevitablemente una influencia nociva sobre su potencial prestación en la vitalidad y longevidad. Cada serio detrimento se manifestará en una muerte imprevista o en una sustitución prematura; daños menos serios pueden simplemente debilitar su capacidad de puesta. Además, una reducción de la capacidad de poner los huevos, a menudo conlleva, desde el punto de vista económico, desventajas mayores que la pérdida de reinas.

He notado que, el hecho de que una reina nazca en una incubadora, no será nunca tan positivo en comparación con una reina que transcurre sus primeras horas en un ambiente natural – libre, en el medio de sus abejas, aunque sea una colonia restringida. La diferencia no es claramente visible, pero existe. Así como cada reina que haya sido enjaulada durante cualquier periodo raramente es válida, sí lo es con seguridad una que no haya sido nunca encarcelada. Obviamente, cada instrumento artificial para criar reinas está expuesto a objeciones y tendría que ser evitado.

He dedicado mucho tiempo al cuidado que ejercemos en la elección de las reinas. El siguiente paso que hay que afrontar es cerciorarse de que la reproductora esté en las mejores condiciones físicas posibles para proporcionar, en el momento oportuno, los huevos necesarios para criar reinas, y que estos huevos estén provistos de la máxima vitalidad posible. Para asegurar este concepto, las reinas reproductoras son conservadas en pequeñas colonias que no ocupan más de tres o cuatro cuadros Dadant. Su fuerza de deposición queda así limitada, cosa que por un lado asegura que los huevos producidos estén constituidos del vigor requerido y, por otro lado, previene un prematuro agotamiento de las reproductoras. He hecho ocasionalmente uso de una reproductora que guiaba una colonia completamente estable, pero he verificado sin ninguna excepción que las reinas crecidas desde estos huevos no eran nunca válidas, como aquella cuya deposición había sido limitada. Parece que una reina que produce alrededor de 200 huevos en el arco de 24 horas no posea la misma vitalidad que una reina que pone solamente algunos centenares al día. Lo mismo vale para las reinas que son sustituidas – una indicación indudable de que su fuerza vital está alcanzando el final. Como dato de hecho, nunca me he enfrentado a una reina de sustitución cuya prestación equivaliera a la de otras criadas desde huevos derivados de una reproductora en su máximo esplendor y su capacidad de poner huevos hubiera sido limitada en la forma que he indicado. Soy consciente de que esto no parecerá para nada ortodoxo y contrasta con lo que comúnmente se ha creído, pero nuestros test comparativos no dejan dudas respecto a este punto. En realidad, han transcurrido ya muchos años en los que hemos reemplazado cada reina de sustitución que se encontrara en primavera en las colmenas productoras de miel.

En la cría de razas de animales domésticos y de las plantas de valor económico, se presta el máximo cuidado para asegurar que los padres sean siempre de la condición más óptima. Nadie tomaría en consideración como reproductor a un animal o una planta con alguna debilidad, o con un defecto de uno u otro género. Los apicultores, al revés, hasta ahora han prestado demasiada poca atención a las condiciones de las reinas usadas como reproductoras. En realidad, las reinas sustituidas están casi universalmente consideradas superiores, a pesar del hecho de que sean progenie de una madre que se encuentra en una situación nada excelente. La alimentación de las reinas de sustitución no tiene evidentemente que ser descuidada en lo que concierne a la cantidad y calidad, pero esto no puede de ningún modo compensar los defectos en los huevos, defectos que saldrán inevitablemente a la luz cuando estas reinas sean valoradas en los test comparativos. Esto es aplicable igualmente en el caso de las reinas que se encuentran bajo estrés cuando ponen al máximo de sus capacidades, y viene confirmado además por el hecho que la progenie de las reinas extraordinariamente prolíficas tiene casi invariablemente una vida breve.

Hasta hace pocos años, era también una opinión difundida que las mejores reinas podían ser criadas solamente a partir de huevos, es decir, no desde larvas. Hace muchos años yo también tenía esta opinión, y conduje muchos experimentos con el objetivo de empujar a las reproductoras a poner en las celdas artificiales (cúpulas). La experiencia práctica de estos años ha demostrado que reinas igualmente válidas pueden ser criadas a partir de las larvas - procurando que no sean más viejas de dieciocho horas al momento del traslarve. Una serie de experimentos recientemente conducidos en Erlangen, Alemania, confirmaron nuestros resultados. Aunque la larva puede ser también un poco más vieja de dieciocho horas, nosotros nos organizamos de manera que cuando injertamos no tengan más de doce horas de actividad.

El procedimiento y la programación para asegurarse larvas de la edad indicada es la siguiente: alrededor de seis días antes del término fijado para el injerto, las colonias con las reinas reproductoras son alimentadas con 2/4 más o menos de galón de miel diluido. Dos días después es añadido al centro de cada colmena un cuadro vacío, previamente calentado. Cada doce horas este cuadro es controlado en la búsqueda de huevos, y en cuanto haya un número necesario de huevos, se prepara todo para injertar durante tres días.

Antes de añadir los cuadros vacíos nos aseguramos de que en estas colonias esté presente una pequeña superficie de cría no operculada, de manera que las pequeñas larvas destinadas a ser reinas, desde el momento de su nacimiento dispongan de alimento en abundancia. Nos aseguramos de esta forma de que estas colmenas sean de una condición verdaderamente próspera, y que disponga de un número abundante de abejas nodrizas. La alimentación estimulante es esencial, a menos que en ese momento haya en curso un flujo de néctar. Incluso si la miel diluida no ha sido absorbida en su totalidad, cuando son añadidos los cuadros vacíos tendrá que ser eliminada, dado que serían almacenados en los panales vacíos, impidiendo a la reina utilizarlo inmediatamente.

Si estas colmenas se mantienen en condiciones de prosperidad, no permitimos en ningún caso acumular más de cuatro cuadros antes de la conclusión de la temporada de crecimiento de las reinas. Para mantenerlas dentro de la fuerza convenida, abejas y cuadros de crías son periódicamente removidos. Lo repito: ningún problema es demasiado grande, bajo cualquier aspecto, excepto si influye en la calidad de nuestras reinas. Ningún esfuerzo puede ser evitado cuando se trata de asegurar las condiciones más favorables en cada uno de los pasos, desde los huevos hasta el desarrollo de las reinas perfectamente maduras, porque solamente por medio de la reina puede haber un influjo directo sobre el destino de una colonia y las ventajas económicas que la apicultura nos puede ofrecer. Reinas que no consiguen satisfacer nuestras expectativas, que se demuestran carentes de fecundidad y vitalidad, o que de una manera o de otra no nos satisfacen, causarán inevitablemente preocupaciones infinitas, y más graves que una mala prestación. Tomarse algunas libertades o buscar atajos en la cría de reinas es un grave error, porque los detalles aparentemente insignificantes pueden comprometer de forma permanente la calidad de una batería entera de reinas.

c. Métodos de cría de las celdas reales

Hay una gran variedad de metodologías para hacer construir celdas reales en cantidad pequeña o grande. La metodología comúnmente más usada es aquella en la cual las reinas son criadas en una colonia con reina bajo el impulso de la sustitución. Creo que esta metodología se ha utilizado en la mayor parte de los grandes establecimientos profesionales para la cría de reinas, que requieren un abastecimiento constante de celdas reales durante la temporada. Hace tiempo la utilizábamos nosotros también, pero ahora no hacemos más uso de ella. Para ahorrar tiempo y trabajo, y para estar en sincronía con el esquema de gestión estacional, necesitamos solamente de una o dos amplias baterías de realeras, anualmente, que llegan a comprender hasta 600 por vez – y no pequeñas fornituras regulares por toda la temporada. Además de esto, necesitamos de una metodología para hacer construir celdas reales que garanticen resultados positivos y que, efectivamente, excluyan cada elemento de incertidumbre.

Reinas de la máxima calidad pueden ser, sin duda, criadas con la metodología de la sustitución. Este impulso, desafortunadamente, está sujeto a una amplia variedad de influencias externas sobre las cuales tenemos una posibilidad de control muy limitada. Durante un flujo nectarífero particularmente intenso, esta metodología en general fracasa. Además, para asegurar los mejores resultados, la cría tiene que ser periódicamente transferida desde el nido inferior hasta el nido superior. Las realeras están habitualmente construidas en estos cuadros de crías, y si nos olvidamos una – eventualidad que ni siquiera la máxima precisión consigue siempre a eliminar - se podría perder una entera batería de reinas. En realidad, el éxito de esta metodología está sujeto en gran medida al caso y a la suerte más de lo que nosotros estamos despuestos a admitir. Por tanto, puesto que era un manejo que hace tiempo usábamos, y considerando que podría utilizarse con gran provecho cuando sea requerido solamente un pequeño pero regular número de celdas reales, lo describiré en el detalle.

d. El método de la sustitución

Hay una gran variedad de metodologías para hacer construir celdas reales en cantidad pequeña o grande. La metodología comúnmente más usada es aquella en la cual las reinas son criadas en una colonia con reina bajo el impulso de la sustitución. Creo que esta metodología se ha utilizado en la mayor parte de los grandes establecimientos profesionales para la cría de reinas, que requieren un abastecimiento constante de celdas reales durante la temporada. Hace tiempo la utilizábamos nosotros también, pero ahora no hacemos más uso de ella. Para ahorrar tiempo y trabajo, y para estar en sincronía con el esquema de gestión estacional, necesitamos solamente de una o dos amplias baterías de realeras, anualmente, que llegan a comprender hasta 600 por vez – y no pequeñas fornituras regulares por toda la temporada. Además de esto, necesitamos de una metodología para hacer construir celdas reales que garanticen resultados positivos y que, efectivamente, excluyan cada elemento de incertidumbre.

Reinas de la máxima calidad pueden ser, sin duda, criadas con la metodología de la sustitución. Este impulso, desafortunadamente, está sujeto a una amplia variedad de influencias externas sobre las cuales tenemos una posibilidad de control muy limitada. Durante un flujo nectarífero particularmente intenso, esta metodología en general fracasa. Además, para asegurar los mejores resultados, la cría tiene que ser periódicamente transferida desde el nido inferior hasta el nido superior. Las realeras están habitualmente construidas en estos cuadros de crías, y si nos olvidamos una – eventualidad que ni siquiera la máxima precisión consigue siempre a eliminar - se podría perder una entera batería de reinas. En realidad, el éxito de esta metodología está sujeto en gran medida al caso y a la suerte más de lo que nosotros estamos despuestos a admitir. Por tanto, puesto que era un manejo que hace tiempo usábamos, y considerando que podría utilizarse con gran provecho cuando sea requerido solamente un pequeño pero regular número de celdas reales, lo describiré en el detalle.

e. Nuestro método

No hay duda de que el impulso de enjambrazón favorece el desarrollo de reinas mejor criadas y desarrolladas, porque una colonia se prepara a enjambrar cuando alcanza su máximo desarrollo orgánico y la opulencia todos los sentidos. Efectivamente, la enjambrazón es la evolución natural de una colmena que alcanzó el máximo de abundancia. En tal circunstancia, tenemos pues las condiciones ideales para criar, desde el punto de vista físico, las mejores reinas.

Si por un lado, para aprovisionarse de las celdas reales que necesitamos no podemos depender de la normal estación de enjambrazón y de su impulso, por otro lado, podemos crear las condiciones que harán nacer el impulso a la enjambrazón y una condición de máxima abundancia cada vez que lo deseemos. El procedimiento es el siguiente: en una colmena que posee una reina eficiente y dispone de un mínimo de diez cuadros de cría, ésta es colocada encima de un excluidor de reina en un segundo nido que contiene, a su vez, diez o doce cuadros de cría y está cubierto de abejas. Así colocada, la colonia que construirá las celdas posee no menos de veinte cuadros de cría Dadant. En momentos de penuria, cuando las abejas no son capaces de recolectar néctar, para la alimentación se tiene que recurrir inmediatamente a no menos de dos pintas de miel diluido al día.

Nueve o diez días después, las realeras que han sido construidas en el segundo nido tienen que ser destruidas sin excepción. Para estar seguros de no olvidarse ninguna, cuando se examina el cuadro, habrá que sacudir la mayor parte de las abejas. En el nido inferior, donde la reina está confinada, tendrían que empezar los preparativos para la enjambrazón y en tres o cuatro días la enorme colonia, repleta de abejas nodrizas, habrá alcanzado el nivel que indica que está en las mejores condiciones para construir cerdas reales.

La fecha definitiva para el injerto está determinada por la edad de los huevos y de sus larvas, que podríamos definir con tres días de antelación. Hacia las nueve de la mañana del día en el cual tiene que realizarse el traslarve, están terminados los últimos preparativos para la predisposición de la colmena en la construcción de las celdas. El nido superior es colocado en el sitio donde estaba el nido con la reina, y este último inferior es trasladado algunos pasos de su original posición. A continuación se busca a la reina, y cuando la encontramos es apartada y se sacuden siete u ocho panales del nido en la piquera de la colmena sin reina. Al término de esta operación, la colmena que está destinada a construir las realeras tendrá un número mayor de abejas obreras, con una enorme cantidad de abejas nodrizas, junto a muchas reservas de alimento. La gigantesca colonia se encontrará en una fiebre de enjambrazón muy avanzada y, en concomitancia con la remoción de la reina y de todos los cuadros no operculados, estarán en las condiciones ideales para dedicarse al cuidado de las larvas injertadas. Una colmena en estas condiciones se dedicará inmediatamente a las larvas injertadas. Que puedan ser descuidadas en las primeras horas, como puede ocurrir en ciertos casos, es imposible. Un cuadro con tres bastidores de veinte cúpulas injertadas cada uno, es confiado a la colonia alrededor de una hora o dos desde su colocación final. En ausencia de flujo de néctar, la alimentación tiene que ser continuada al ritmo de cuatro pintas al día más o menos hasta que, el sexto día después el injerto, las celdas de las reinas no sean operculadas: esto es un imperativo absoluto. Si hubiera un flujo de néctar, la colonia podría necesitar de mayor espacio. Incluso, nosotros consideramos que los mejores resultados sobre la construcción de realeras son alcanzados cuando las abejas se dan cuenta de que han elevado su cantidad.

La colmena con la reina es llevada a otro apiario y adecuadamente alimentada con un galón de jarabe. Si es tratada de esta manera, no sufrirá ninguna disminución de fuerza hasta el momento en que vuelva a su sitio originario, una semana u once días después.

Normalmente, al final de mayo o a principios de junio tenemos al mismo tiempo operantes doce de estas colmenas que construyen celdas. En cuanto las reales están operculadas, en la tarde del sexto día después del injerto, son transferidas en tres colmenas; cada una tendrá tres cuadros que aguantan cada uno cuatro bastidores porta-cúpulas, es decir, aproximadamente 200 celdas reales. El día después, las colonias desde las cuales se han removido las celdas reales son llevadas a los apiarios de los cuales originariamente provenían las abejas y la cría, y son devueltas a sus respectivas colmenas, o a cualquier colmena que necesite ayuda. Las colmenas con las reinas removidas la misma mañana en la que había empezado la construcción de celdas reales, han sido recolocadas en su lugar original en el mismo momento.

Como ya he indicado, nuestro criadero de reinas está calibrado para efectuar el menor número posible de operaciones. Estas, además, son ejecutadas según una tabla predeterminada e independiente de las condiciones atmosféricas y de eventuales flujos de néctar. En una operación de este tipo, de la cual depende el resultado final de nuestra apicultura, se tiene que buscar, cuanto sea posible, excluir necesariamente cada incertidumbre y cualquier elemento de casualidad o suerte. Hemos concluido que la metodología que acabo de presentar satisface perfectamente todas las demandas, produciendo, desde el punto de vista físico, las mejores reinas obtenibles.

f. Número de celdas reales por colonia

El apicultor práctico y atento, naturalmente, se preocupa menos del número efectivo de celdas reales que puede obtener que de la calidad física de las reinas. Reinas criadas sin rigurosos cuidados, son el flagelo de la apicultura moderna. La aceptación de las cúpulas injertadas está en gran medida determinada por la fuerza, la composición y condición de las colonias que construyen celdas reales, así como las características de la raza y de la herencia. Los híbridos, normalmente, se comportan mejor que las variedades puras. Las variedades de la Europa occidental, como la cárnica, construyen un número de celdas relativamente bajo. Por otro lado, las colonias de origen oriental, particularmente la variedad armenia, construyen de 200 a 300 celdas reales a la vez, aparentemente sin el mínimo perjuicio en la calidad de las reinas que resultan de sus nacimientos.

Considerada objetivamente por sí misma, la dimensión no nos da ninguna indicación sobre la fecundidad o vitalidad de una reina. Las que proceden de la Europa occidental, y una vez más, la cárnica también, normalmente superan en sus dimensiones a las reinas de muchas otras razas. Sin embargo, comparadas con las otras, son las menos prolíficas – algo muy importante en comparación con nuestra anterior abeja indígena: las reinas de Chipre son pequeñas, y todavía extremadamente prolíficas. Pero la reina cárnica, que no es más grande que una reina de Chipre, muy probablemente desde el punto de vista de la prolificidad, resultará insatisfactoria.

Nuestras operaciones para criar reinas están basadas en una aceptación mínima predeterminada. Esto es esencial, porque de lo contrario, no seríamos capaces de planificar las diferentes operaciones según un esquema prefijado. En el caso de las celdas construidas bajo el impulso de la sustitución, en una colmena dotada de una reina que ocupa dos nidos del formato de British Standard, hemos basado nuestros cálculos en una aceptación mínima de nueve celdas en una batería de catorce cúpulas; la media efectiva ronda los once. En el caso de la segunda metodología, aquella de la colonia sin reina compuesta de una imponente fuerza de abejas nodrizas, esperamos como mínimo la aceptación de cuarenta cinco celdas sobre sesenta injertadas; la media efectiva de aceptación está aproximadamente en cincuenta y cinco celdas. Buscamos una consistente excedencia de celdas reales a disposición para afrontar cada caso, sin pedir mucho al potencial de crianza de las colmenas que construyen las celdas reales. Las colmenas criadoras con reina aceptarán una fila de cúpulas injertadas cada cinco días, mientras las colmenas sin reina se demostrarán satisfechas solamente con una sola batería. Se podría criar una segunda, pero las reinas no llegarían a satisfacer los altos estándares que nosotros requerimos. El número efectivo de las celdas reales de alta calidad que una colmena es capaz de desarrollar depende de una combinación de factores diversos: primero, del número efectivo de abejas nodrizas del cual se dispone, después, de su carácter hereditario y de sus prestaciones genéticas, y por último, del grado de bienestar en que se encuentran.

En este contexto, tengo que mencionar una vez más la evidencia de una extrema importancia en la alimentación estimulante en el caso de ausencia de flujo nectarífero. Un flujo de néctar suave dará resultados considerablemente mejores: en su ausencia, se hará necesaria la alimentación con miel diluida, a pesar de los costes. La dilución no tendría que superar el tercio de agua y dos tercios de miel y, para prevenir la fermentación, no se debería suministrar más de un galón a la vez.

4. La fecundación controlada

Como en todas las esferas de la crianza selectiva, no podemos esperar alcanzar cualquier mejora de las abejas de miel sino es con un control real de los progenitores, tanto masculinos como femeninos. Podemos mejorar nuestro material con la introducción de una reina de prestaciones reconocidas. En realidad, con la sola sustitución de la reina en nuestras colonias por reinas derivadas de unas reproductoras de una variedad altamente productiva, podemos mejorar de manera sustancial lo estándar de nuestro material, a pesar de las fecundaciones casuales. Además, si estas evoluciones se van consiguiendo a lo largo de cierto número de años, los zánganos que tomarán el vuelo de estas colonias con el tiempo alzarán lo estándar general del material alrededor. Pero de esta manera estamos introduciendo el uso ventajoso de solo una variedad de las prestaciones reconocidas, no estamos mejorando a la abeja de miel en sí misma. No estamos haciendo ninguna selección, en el sentido estricto de la palabra; nuestros esfuerzos conducen solamente a la difusión de un material superior – un intento muy admirable y la única forma de evolución accesible a la mayoría de los apicultores.

Claramente, en este caso, no puede existir una selección digna de este nombre, entendida en el sentido más literal de la palabra, a menos que se disponga del control absoluto de los padres. Esto, obviamente, vale también en el caso de la abeja, aunque las dificultades son prácticamente insuperables. Todavía, nuestra experiencia parece indicar que con un control limitado de zánganos se puede alcanzar un resultado apreciable. Los intentos más serios requieren un apareamiento en aislamiento, o la inseminación artificial, que está basada en el control absoluto del individuo. La primera de las dos posibilidades indicadas ofrece un cierto campo de acción a cualquiera que disponga de más apiarios.

Antes de crear nuestra estación de apareamiento, obteníamos fecundaciones selectivas satisfactorias poniendo a cada colmena de nuestros colmenares externos bajo la guía de reinas de una determinada línea genética. Cuarenta colonias de media crecen en número alrededor de 50.000 – 80.000 zánganos. Si este número no puede automáticamente garantizar unas correctas fecundaciones en tal caso, los resultados genéticos obtenidos son extremadamente satisfactorios. Esta metodología de control parcial es de particular valor en el caso de que un apicultor profesional quiera consolidar un cruce particularmente productivo, por ejemplo, reinas italianas apareadas con zánganos griegos o cárnicos. Un control limitado de zánganos como el ya indicado puede ofrecer sustanciales ventajas económicas, requiriendo un mínimo de desembolso y de trabajo. De todas formas, hemos encontrado esta forma de control de gran valor práctico. A la vez, nos hemos dado cuenta de que solamente los apareamientos en total aislamiento son capaces de satisfacer completamente nuestras demandas más exigentes. La cercanía con Dartmoor nos ha proporcionado las facilidades necesarias.

a. La estación de apareamiento

Hemos tenido la suerte de encontrar un lugar idóneo en el corazón de los brezales de Dartmoor, a una distancia de diez millas más o menos de la abadía, situado en un lado de una colina expuesta hacia el sureste, en un valle resguardado: este colmenar está rodeado por tres lados de un cinturón de árboles que lo protegen de manera muy eficaz de los vientos dominantes, de sureste y de noreste. Como estación de apareamiento están bastante aisladas, y las abejas más cercanas están a una distancia alrededor de seis millas. Además, esta área no presenta árboles ni casas, y este hábitat hace imposible que un enjambre recién salido pueda sobrevivir por mucho tiempo. La altitud de 1.200 pies sobre el nivel del mar contribuye materialmente al aislamiento. Fundada en 1.925, nunca ha dejado de funcionar.

Si ofrece el aislamiento requerido, al mismo tiempo la colocación en el corazón de los brezales de Dartmoor, por necesidad, implica muchas desventajas y problemas. Los inviernos rígidos y las condiciones climatológicas generalmente adversas por otro lado tienen las ventajas de revelar rápidamente cada defecto hereditario y los errores de la selección. Hay que añadir que los efectivos resultados de las fecundaciones son a menudo insatisfactorios, debido al largo periodo sin sol y bajas temperaturas. En realidad, en una ocasión sucedió que una tanda entera de 520 reinas no se fecundara a causa de un periodo de tiempo continuamente desfavorable superior a las seis semanas. Además, en un verano clásico propio de esta zona, no podemos esperar hacer fecundar más de dos tandas de reinas. Pero estas desventajas hay que confrontarlas con las ventajas que se puede obtener. Los excepcionales éxitos alcanzados no hubieran podido conseguirse de ninguna otra manera. Como en cada tipo de experimento, nada que tenga un valor real puede alcanzarse sin un correspondiente nivel de esfuerzo y gasto.

No hace falta decir que sacar adelante una estación extensiva de apareamiento requiere unas herramientas de particular proyección.

Y una metodología de gestión. Cuando formamos nuestra estación de fecundaciones, de hecho, nos estábamos introduciendo en un sector de la apicultura aún inexplorado. Siendo realistas, no contábamos con ninguna información fiable, porque las pocas informaciones disponibles sobre cómo hacer funcionar una estación de apareamiento resultaron totalmente engañosas en general. El gran movimiento – la Rassenzucht – inaugurado en 1.898 por el Dr. U. Kramer en Suiza, como pasa a menudo, estaba empujado por la ola del entusiasmo y por ideales que no eran compatibles con la cruda realidad. Antes de encontrar la vía del éxito, estuvimos obligados a recorrer un camino lleno de espinas, lleno de muchas desilusiones y fracasos. En aquel tiempo se sabía poco sobre la selección endogámica, la hibridación, el rayo de vuelo de los zánganos y sobre el número de zánganos que una colonia necesitaba, sobre la manera correcta de transportar las celdas reales, así como, sobre todo, los problemas técnicos.

b. Las colmenas para los núcleos

Uno de los primeros problemas a los que tuvimos que enfrentarnos fue el tipo y dimensión de la colmena. Tenía que ser lo bastante pequeña para impedir la crianza de los zánganos, pero al mismo momento tener una capacidad suficiente para hacer los núcleos autosuficientes, de manera que necesitara la mínima atención posible. Habíamos tenido ya algunas experiencias con los núcleos en miniatura que en los primeros años del siglo eran bastante utilizados en Norteamérica y en el continente. Fuimos capaces de evitar aquella particular trampa. Sabíamos que era imposible esperar obtener reinas de alta calidad desde colmenas en miniatura, constituidas de no más de algunos centenares de abejas. Así que procedimos a testar una cantidad de colmenas que contenían uno solo o, como mucho, un cierto número de núcleos; también núcleos de un cuadro o una serie de cuadros. Estos experimentos se prolongaron durante muchos años antes de poder formular una elección definitiva.

Durante doce años más o menos, utilizamos una colmena que admitía de lado a lado cuatro núcleos, cada uno con tres cuadros British Standard de medida media. Este particular sistema se prestaba a nuestros objetivos admirablemente: de hecho, tenemos aún hoy día en uso treinta de estas colmenas. Estas eran demasiado pequeñas para afrontar el invierno, a menos que las uniésemos. Pero en el transcurrir de los años, llegué gradualmente a la conclusión de que se tenía que encontrar un camino que nos permitiera hacer salir del invierno nuestra producción anual de reinas, rindiéndonos también a una posible sustitución de las reinas en primavera. Al final, para una colmena que contenía dieciséis cuadros Dadant de tamaño diezmado, decidimos dividirla en cuatro compartimentos que contenía cuatro cuadros cada uno. La sustitución fue hecha en 1.937 y la experiencia y los resultados adquiridos desde entonces nos han demostrado que aquella era la elección correcta.

Utilizamos un centenar de aquellas colmenas y una treintena de las de tipo original que contienen cuadros British Standard de medida media, por un total de 520 núcleos cuando la estación de fecundaciones trabaja a pleno rendimiento.

c. El transporte de las celdas reales

Hemos intentado eliminar todos los elementos de riesgo evitables en cada paso de nuestra gestión. Esto aplica particularmente en la manipulación y el transporte de las celdas reales hasta el momento en que son alojadas, sanas y salvas, en el interior de los núcleos. Las reinas no desarrolladas, cuando tienen que ser transportadas a una distancia de muchos kilómetros, sufren fácilmente alteraciones, y aún más cuando son expuestas inoportunamente al sol o a las bajas temperaturas. Como hemos verificado, las atenciones no sobran, dado que los daños en estos casos pueden ser permanentes.

Dejamos las celdas reales en las colonias que han sido construidas hasta que podamos prever que las reinas nazcan en el arco de doce o veinticuatros horas. El undécimo día después del injerto – con clima muy cálido al décimo – la totalidad de la colmena que construyó las celdas es transportada junto a las celdas reales a la estación de apareamiento. Al llegar, el bastidor que lleva las quince o veinte celdas reales, es removida y colocada en una cesta que lleva un tanque de agua templada, sobre la cual las celdas están abrigadas dentro un trapo, para mantenerlas calientes mientras espera la distribución en los núcleos.

Para asegurarnos que las jóvenes reinas no sean dañadas de alguna manera, durante el recorrido a la estación de fecundaciones las colmenas que llevan las celdas reales son colocadas encima de un colchón de gomaespuma de tres pulgadas de espesor, que absorben cada bache y vibración. La presión de los neumáticos es reducida lo más posible – todas estas precauciones son realmente necesarias y oportunas.

Las abejas de la colonia que han construido las celdas son usadas para reforzar los núcleos o las colmenas con muchos zánganos. Esto, en general, está hecho por la tarde del sexto día después del injerto, antes de que las celdas reales estén juntadas como hemos ya descrito. Esta operación es ejecutada de la manera siguiente: el nido con las abejas es colocado a un lado y en su lugar se posiciona uno vacío con un excluidor de reinas hecho de zinc entre la tabla del fondo y el nido vacío. Luego, las abejas son sacudidas del cuadro delante de la piquera, y se les permite entrar a través el excluidor de reinas. Cinco de los cuadros vuelven al nido vacío, junto a cuatro panales de cera nueva, posicionados de dos en dos a cada lado. Esto ofrece sitio para los tres cuadros que llevan las celdas reales, cada uno de los cuales viene apoyado entre dos panales de reservas.

d. Colonias de zánganos

Hasta una época bastante reciente, en cualquier estación de apareamiento en el continente, era acogida una sola colonia de zánganos, con la intención de obtener las mejores reinas fecundadas de los mejores zánganos. Incluso hoy día nos damos cuenta de que tal procedimiento lleva a innumerables fracasos. Sospechando de ello, nunca hemos bajado en ningún periodo por debajo de las cuatro colmenas de zánganos en una estación de fecundaciones, independientemente del número de apareamientos especiales o experimentales.

Las reinas que guían estas colonias son siempre hermanas, elegidas entre un amplio número. Aunque de igual ascendencia, en los zánganos producidos habrá siempre alguna diferencia. Esto, a su vez, permitirá una más amplia selección en la progenie que resulte de estos apareamientos, modificando en alguna medida los riesgos de apareamientos endogámicos y la excesiva uniformidad.

En la estación de fecundaciones, no mantenemos necesariamente la misma formación de las colonias de zánganos durante todo el proceso de la campaña. Cuando nos parece oportuno, las sustituimos por otro grupo de colmenas con zánganos de una diferente raza o variedad. En casos muy particulares, los zánganos son seleccionados uno por uno antes de ser llevados a la estación de apareamiento. Este último método es un procedimiento de excepción, y ahora sustituido con la inseminación instrumental.

En este punto hay que invertir algunas palabras de cautela sobre el número de zánganos que una colonia puede criar y alimentar adecuadamente: creo que normalmente con nos damos cuenta que hacer nacer y crecer una abundante población de zánganos influye considerablemente en los recursos alimentarios y físicos de una colmena. Nosotros restringimos la producción de zánganos a dos tercios de un cuadro por colmena, independientemente de los cuadros de zánganos que se encuentran en las colonias. Ponemos, además, la máxima atención en asegurarnos que las colmenas con los zánganos estén en cada momento en un estado de gran prosperidad y bienestar. Para mantener el vértice de estas condiciones es requerida la máxima vigilancia, particularmente en el caso de las variedades híbridas. En el periodo de carestía podrá ser necesaria la alimentación artificial.

e. La inseminación artificial

Aunque en sí la inseminación artificial, con toda probabilidad, no sustituirá nunca del todo la necesidad de las estaciones de fecundaciones, los progresos técnicos de los últimos años han puesto a nuestra disposición ulteriores facilidades de inestimable valor para el control. Experimentos que hasta hace poco eran imposibles, pueden ahora ser conducidos libremente con absoluta fiabilidad y seguridad.

Consideraciones suplementarias

Haciendo una reflexión general, me parece necesario llamar la atención sobre algunos aspectos particulares de nuestra apicultura que nosotros consideramos de amplia importancia y que temo que haya sido abandonada o no plenamente apreciada. Nuestro método de gestión, las especiales colmenas o las especiales herramientas que utilizamos, serían de poca o ninguna utilidad sin reinas de la máxima calidad física y con una correspondiente dotación genética, porque al prescindir de las fuentes de néctar de un lugar y de la variación de los factores climatológicos, la potencialidad de recogida de miel de una colonia está ampliamente determinada por la fecundidad de la reina, o más precisamente, del efectivo vigor de la colmena. Si muchos aficionados se sienten satisfechos al conseguir un plus de productividad de sus colmenas, el apicultor más avanzado y, aún más, los apicultores que viven exclusivamente de sus abejas, se esforzarían en obtener los máximos resultados con el mínimo dispendio de energía y medios en cada colonia. Es más, sabemos que las colmenas más productivas invariablemente son aquellas que requieren de la menor atención. Nosotros consideramos una adecuada fecundidad genética la clave de nuestra apicultura.

Como nos mostró la experiencia, una reina de segunda clase o de origen mestizo puede aparentemente satisfacer una colmena con capacidad reducida, pero fracasará flagrantemente en una colmena del tamaño que usamos nosotros. Este fracaso se pondrá aún más de relieve en las respectivas cosechas de miel. En realidad, si en 1.924 no hubiéramos pasado a las colmenas Dadant modificadas, con toda seguridad nos habríamos quedado en la más bendita ignorancia sobre la importancia vital de la fecundidad y de muchas otras innovaciones de valor práctico. Es evidente que, cada vez que a la fecundidad determinada genéticamente le es impedido manifestarse completamente, se pierde el criterio basilar del potencial de recogida de miel, y se pierde también la posibilidad de conducir una selección fiable para la planificación de su crianza. Descubrir este factor a lo lago de los años ha sido de una importancia determinante en nuestro empeño en la selección.

Entre los descubrimientos alcanzados hemos encontrado que, durante el periodo de desarrollo de la fecundidad determinada genéticamente de una reina, ésta está sujeta a muchos y distintos influjos, desde el huevo hasta la plena madurez de la reina, alcanzada algunas semanas después de que haya empezado a poner. Cualquier daño que sufra durante este periodo es permanente, y si es grave, conduce a su agotamiento prematuro y a su sustitución, causando infinitos trabajos extraordinarios, con las consecuentes desventajas y pérdidas.

Realmente es extraño que los apicultores puedan ignorar algunos axiomas universalmente aceptados, que son considerados inviolables en todas las esferas de comportamientos afines. En la selección del ganado bovino, ninguno tomaría en consideración la posibilidad de utilizar animales en mal estado de salud, o bien, en la reproducción de semillas, nadie se serviría de plantas evidentemente defectuosas. Aún hoy, en la apicultura, es generalmente aceptado que las reinas sustituidas son superiores a todas las demás, ignorando el hecho de que siempre en estos casos la madre sufre de una u otra debilidad. Decisivos test comparativos que hemos conducido en la más amplia escala posible, han demostrado con seguridad lo mucho que esta convicción es errónea. De hecho, nunca nos hemos encontrado una reina sustituida que alcanzase las prestaciones de una reina criada por nosotros. Como consecuencia, durante varios años hemos sustituido cada reina sustituida durante este proceso anual efectuado en primavera: sus alas intactas son una marca segura de su identificación.

Tendría quizás que subrayar el hecho de que los resultados aquí expuestos son, en todo caso, el resultado de experimentos conducidos en un arco de tiempo que se acerca a los setenta años. Estos experimentos han abarcado cada raza conocida y cada cruce de abejas de miel. También, han sido efectuados en colmenas que no imponían restricciones a la fecundidad de las reinas más prolíficas, una condición esencial para los test comparativos de este tipo. Se ha tomado, igualmente, cada medida posible para evitar la deriva, que habría puesto en duda los resultados conseguidos. Cada test que no tome en consideración estas precauciones y cautelas esenciales, al final resultará carente de valor y credibilidad.

La máxima fecundidad potencial efectiva es, en cualquier caso, una característica de la raza. Y en todo caso, está sujeta a una serie de influjos y circunstancias diversas. Por otro lado, sería erróneo concluir que las reinas más grandes se demuestran también las más fecundas. En realidad, las reinas de las razas más fecundas, como la chipriota y la siria, son de tamaño relativamente pequeño. Esto, igualmente, es un factor genético también de nuestra variedad. Como ha demostrado la experiencia, una altísima fecundidad está solamente asociada a un número igualmente alto de defectos. Las abejas extremadamente fecundas, de variedad amarillo pálido, normalmente tienen vida breve, son altamente vulnerables a la acariosis y sufren la pérdida de vitalidad. Se podría tranquilamente afirmar que pérdida de vitalidad y longevidad son consecuencias directas de la fecundidad extrema.

Según nuestras observaciones y nuestros resultados, las reinas capaces de poner hasta un máximo de 3.000 huevos diarios al culmen de la campaña, parecen dar los resultados mejores. Por otro lado, es posible que los huevos producidos en tal cantidad puedan no tener la vitalidad y el vigor de aquellos producidos por una reina obligada a poner no más de 300 huevos al día. También aquí, nuestros resultados confirman perfectamente nuestra conclusión. Y de hecho, nunca hemos tenido mucha suerte cuando las larvas para el injerto eran sacadas de una colmena donde la capacidad de deposición de la reina era empujada a su máximo límite. Por esta razón, en el periodo del injerto, teníamos a todas las reinas reproductoras en núcleos de no más de cuatro cuadros Dadant Modificado. Y luego, para prevenir la sobrepoblación, los cuadros con cría y abejas están controlados cada vez que nos parezca necesario. Para obtener reinas de la máxima calidad, la restricción de las reproductoras aquí indicada es, según nuestra experiencia, esencial.

Las colonias con reinas que tengan más de dos años de edad normalmente manifiestan un progresivo debilitamiento y un general deterioro de la carga y de la fuerza vital. En el caso de la sustitución de las reinas, sabemos con seguridad que la reina es inoperante. Normalmente, es más difícil determinar el deterioro debido a la vejez, particularmente cuando la reproductora está confinada en pocos cuadros. Hasta el quinto año, en algunas circunstancias, puede no manifestarse un deterioro visible. Está claro que, en edad avanzada, es una escapatoria por la cual pueden colarse reinas de calidad inferior, en el caso en que no se observen las necesarias cautelas sobre tal circunstancia. En caso de duda, nosotros daremos la prioridad a una reproductora de menor edad y de comprobado vigor. La longevidad es, claramente, un factor de gran importancia práctica, pero este factor es transmitido de manera inalterada a las hijas crecidas, mientras el reproductor estaba en su mejor edad. Consideramos entonces la edad avanzada como una prueba segura de confirmación de la longevidad, y tomaremos adecuadamente nota.

Durante el injerto, la edad precisa de las larvas es otro factor que influye sobre la calidad de las reinas criadas. También aquí nuestra experiencia parece indicar que, para garantizarnos reinas de la mejor calidad, las larvas no tendrían que tener más de doce horas. La aceptación de las jóvenes larvas no es igualmente buena que cuando se injertan larvas más viejas, pero la calidad, en cada momento, es el factor más importante. El número efectivo de celdas reales de alta calidad que una familia es capaz de criar viene determinado principalmente por la cantidad de abejas nodrizas disponibles y del general bienestar de la colmena. También, la particular raza de abeja empleada juega un rol importante. No hace falta decir que, la preparación de la colmena que construirá las realeras, nunca tiene que ser dejada de lado, porque cada aparente ahorro en este contexto, haría resultar inútiles todos los esfuerzos y las medidas cautelares, llevando a una dificultad indeterminable y a consiguiente desilusión. El error de considerar cada celda real "suficientemente buena" es una tentación a la que muchos aficionados sucumben demasiado fácilmente.

Hasta ahora hemos considerado los factores que influyen en la calidad física de una reina desde momento en el cual es puesto un huevo, de lo cual tomará forma hasta el momento en que la joven reina nace saliendo de su celda, en otras palabras, el periodo inicial de su desarrollo. Todavía en el periodo siguiente, hasta que no alcanza la plena madurez algunas semanas después de haber empezado poner, cada reina está sujeta a muchos riesgos e influjos adversos. En este tramo, los influjos dañinos y los peligros son los causados por los propios apicultores, aparentemente en nombre del progreso o en el intento de obtener una u otra ventaja. El uso de minúsculas cajas para la fecundación es uno de estos casos; el uso exclusivo del alimento sólido, necesario en cajas de apareamiento de este tipo, es otro. Lo mismo vale para el nacimiento y el confinamiento de las jóvenes reinas en las jaulas. Como la experiencia práctica ha demostrado, obtener con tales herramientas reinas de la mejor calidad es imposible, a excepción de contar con condiciones climáticas ideales.

Enjaular jóvenes reinas a pocos días del comienzo de la deposición con el objetivo de introducirlas en otras colmenas, o para enviarla por correo, inevitablemente dañará a la reina, en mayor o menor medida. Por otro lado, si les es permitido a ellas poner sin sufrir molestias durante algunas semanas, el riesgo será mínimo. Pero si una reina es enjaulada durante un determinado lapso de tiempo, no podrá evitar el daño: no será tan prolífica mientras tanto, cuando lo habría sido si no hubiera nunca sufrido un cautiverio prolongado. El acto de la introducción, a menos que sea efectuado con la máxima atención, normalmente conlleva la pérdida de muchas reinas justo en el umbral de la parte más útil de sus existencias. Y aquellas que sean aceptadas en nuevas colmenas, sin duda demasiadas son dañadas de una manera o de otra. La pérdida que se sostiene así, inmediata o sucesiva, tiene que ser considerada como uno de los aspectos más trágicos de la apicultura moderna. Por tanto, si la introducción es realizada con la adecuada atención, la aceptación pacífica de las reinas no crea serios problemas. El sistema adoptado por nosotros, como lo he descrito en la selección principal de este libro, en realidad no conlleva ninguna introducción en el sentido comúnmente aceptado de este término, sino que más bien se trata solamente de un cambio, sin ninguna pérdida o daño para las reinas.

Las medidas preventivas aquí indicadas para garantizar reinas de la mejor calidad posible pueden parecerles a muchos como "consejos perfeccionistas". En realidad, no son otra cosa que elementales medidas de sentido común, que además, no conllevan ningún gasto o esfuerzo extraordinario. Por otro lado, están garantizadas, si son bien observadas, reinas de las mejores cualidades: reinas que propiciarán una apicultura más agradable y rentable. Demasiado a menudo los apicultores dan gran relieve a hechos de pequeña o ninguna importancia, y las cosas que verdaderamente cuentan son olvidadas.

El concepto de "mejor calidad" en este contexto no denota solamente una alta perfección física de las reinas, sino también una considerable dotación genética. Las abejas mestizas, en general, poseen una constitución excepcional y la capacidad de conseguir buscarse la vida en los años más adversos, sin asistencia de ningún tipo, pero en muchos otros aspectos dan resultados execrables. La apicultura moderna requiere de una abeja prolífica, de buen temperamento, que no enjambre, capaz de traer el máximo beneficio de cada flujo nectarífero. Como ha demostrado la experiencia, la efectiva superioridad de un material de este tipo, y también aquella de un buen primer cruce, cuando recibe una cura y una gestión apropiadas, puede ser espectacular, hasta el límite de la incredulidad. Además, obtener el máximo resultado de cada colmena será posible solo cuando se den las condiciones necesarias para asegurar el pleno e inalterado desarrollo de todas las características genéticas, en particular de la fecundidad.

En cada ámbito de nuestro compromiso, las medidas intermedias y las soluciones arriesgadas llevan inevitablemente a infinitas dificultades y desilusiones. Seleccionar y criar reinas de las mejores calidades no es la excepción, sino que supone abordar preocupaciones aparentemente insignificantes y guiarse por el buen sentido, lo cual puede crear grandes diferencias en la cosecha de miel de las colonias y convertir el cuidado de las abejas en una práctica más agradable y rentable.

Conclusión

En todo lo expuesto he intentado definir, de la manera más concisa posible, los principales puntos de nuestra apicultura: las particulares colmenas que utilizamos, la gestión anual que hemos adoptado, la variedad de abejas que hemos desarrollado y las metodologías de selección para garantizar reinas con las mejores posibilidades de prestación. Al mismo tiempo, me he esforzado en indicar la razón por la cual han sido adoptadas una serie de operaciones o una determinada alternativa, prefiriéndola frente a otra. De la misma manera he demostrado cómo nosotros intentamos interferir lo menos posible en la actividad y en la organización de las colonias, porque la abeja seguirá siempre, en cada momento, sus instintos, incluso aquellos contra nuestros deseos. En realidad, la vieja denominación de beemaster ("señor de las abejas") en la apicultura moderna no tiene más valor: la tarea del apicultor moderno puede ser más correctamente descrita como un "servicio", y de hecho, más que dueños, somos realmente servidores.

Nuestro éxito en Buckfast no ha sido alcanzado con el uso de complicadas herramientas o de metodologías de gestión compleja. Al revés, cada herramienta de nuestro equipo que no fuera estrictamente necesaria, así como cada manipulación que no fuera requerida, ha sido rigurosamente eliminada. La atención se ha dirigido siempre a los aspectos esenciales.

La constante atención por el aspecto económico de la apicultura podría, quizás, haber suscitado la impresión que en Buckfast no se da ningún valor al aspecto estético. Pero todos aquellos que tienen familiaridad con nuestro trabajo saben bien que no es así. Personalmente, considero el contacto diario con las abejas, la observación del desarrollo de la individualidad de cada colmena, las diferencias entre unas razas y otras, el infinito matiz de colores que se manifiesta en sus genes y en la manera de comportarse, seguramente el aspecto más fascinante e interesante de la apicultura. En cada caso, el verdadero interés en el manejo y cuidado de las abejas no depende de un gasto sin garantía de vuelta o da esfuerzos cumplidos sin sentido, depende más bien, de la verdadera comprensión y del aprecio de la manera de vivir y de las necesidades de la abeja de miel. Un sabio recurso a las posibles intervenciones a nuestra disposición es, en realidad, la base sobre la cual apoya cada éxito de la apicultura. El verdadero idealismo y los intereses económicos no entran en conflicto, sino que son complementarios, mientras el éxito es la fuerza propulsiva más fuerte en cada empresa del hombre. La apicultura no es la excepción.

El hidromiel

El hidromiel[1] es una de las bebidas más antiguas del mundo. Hace muchos años, cuando se vivía de manera sencilla y frugal, la economía de cada casa estaba basada en el autoconsumo y, en la vida de las personas normales, alimento y bebidas provenientes de fuera no tenían gran acogida. Se tenían las abejas, no solamente por la miel que proporcionaban, sino también por la cera, que facilitaba la luz en la noche de invierno. La miel era, en primer lugar, un postre, o dulcificante, el único que había disponible antes de que se consiguiera obtener fácilmente el azúcar. ¡El desperdicio es una característica de la modernidad! Y, de hecho, cada apicultor sabe que hoy en día mucha miel durante la extracción se pierde. Nuestros antepasados, después de recuperar toda la miel, limpiaban los panales, estrujándolos y escurriéndolos, y del agua residual del lavado sacaban una bebida, que estaba tan valorada que incluso el mismo vino era considerado menos delicado y agradable.

En las largas noches invernales, con una vela de cera encima de la mesa y un tocho de madera en la lumbre encendido directamente en el suelo de tierra batida, el antiguo apicultor, con una taza de hidromiel, se entretenía con el vecino o descansaba con su alma. La casa era sencilla, pero la comida abundante; las charlas cordiales alrededor del fuego suscitadas por el licor.

Durante muchos años, en la llanura de Salisbury, ha existido una cabaña de pastores sobre ruedas entre las retamas, circundada por colmenas. Pocos pasantes hubieran notado las colmenas entre los arbustos, y aún menos habrían sido capaces de detectar la cabaña si el viento no empujaba la línea de humo cruzando la senda, atrayendo sobre aquella la atención de los visitantes. En aquella cabaña vivía un hombre solitario que había viajado a lo largo y ancho, pero que al final había echado raíces entre las

1 Previously published in << Bee Word >>, XXXIV (8), pp. 149-156 (1953).

abejas en la llanura de Salisbury. Vendía su miel y fabricaba sus velas, preparando hidromiel. Por la noche, cuando el viento aullaba lo más fuerte que podía moviendo la cabaña tanto que la hacía temblar, él disfrutaba echándose en un banco y leyendo las páginas que había escrito, bebiendo a sorbos su hidromiel recién sacado de su barril, que conservaba en el minúsculo trastero allá afuera. Era una ópera de filosofía, quizás de poco valor; pero aquel hombre, en su esencialidad, era un filósofo. El hidromiel calentaba su corazón solitario, y era la única concesión a un lujo que, de otra manera, despreciaba. Dejaba que el mundo anduviese a su suerte, y no tenía ambición por ninguna de las riquezas o sofisticaciones por los que los demás gastaban mucho de sus tantos esfuerzos. En cada casa de campo de Inglaterra, el hidromiel proporcionaba una satisfacción similar, y el licor, que siendo todos apicultores llegaba con tanta facilidad a sus manos, era el equivalente al sherry, al Oporto o al brandy de las poblaciones más ricas y de los tiempos posteriores. Pero en este momento, en cada mesa ricamente puesta se puso casi de moda servir de nuevo el hidromiel - nuevamente son descubiertos los valores de los tiempos pasados.

Nosotros hemos producido hidromiel desde que tenemos abejas, porque es una manera de aprovechar la miel que, de otra manera, sería desperdiciada. Pero si se quieren obtener resultados excelentes en su producción, es necesario seguir rigurosamente algunas precisas normas. Antes de entrar en el detalle de nuestras experiencias, es conveniente decir que hemos producido cuatro distintas variedades de miel - una es el tipo normal de vino de mesa o sherry ligero; una segunda es la variedad del postre, más rico y más dulce que el primero; la tercera es un vino más condimentado, que posee un carácter único, y por último, un vino con gas, parecido a un champagne dulce. Cada uno tiene sus seguidores, y miel y agua son los únicos ingredientes utilizados.

Algunas normas para la preparación del hidromiel

Antes de describir la actual forma de preparación del "mosto" y luego esterilización, fermentación y maduración del hidromiel, quiero ante todo exponer brevemente, con la intención de explicar lo más claro posible el proceso completo, algunas normas que según nuestra experiencia en la preparación del hidromiel son de la máxima importancia.

1. Es importantísimo usar agua dulce – pura agua de lluvia o, como alternativa, agua destilada. El agua del grifo, aunque no se presente dura, no es utilizable a causa de las partículas de herrumbre que puede contener.
2. El tipo de miel utilizado determina el sabor y el buqué del hidromiel. Las mieles de aroma delicado, como trébol o tila, son los más aptos.

Una miel de aroma fuerte – con la excepción de la erica – no debería ser nunca utilizado; el éxito no puede crear desilusión. Generalmente, se cree que toda miel de escasa calidad, o de aroma fuerte, que no puede ser utilizada para otro uso, es apta para hacer hidromiel. Esta es una creencia del todo errónea, y es el origen de muchos fracasos. Solamente la mejor miel de aroma delicado podrá producir el hidromiel más fino envejecido.

3. El tipo de levadura usada determina el carácter del hidromiel en gran medida. Los mejores resultados los da la levadura de vino de cultura pura. Hay distintas levaduras de vino de cultura pura que dan resultados particularmente buenos en la fermentación del hidromiel. Nosotros utilizamos la levadura de vino Maury. Hasta ahora, han sido universalmente recomendados como fermentos para el hidromiel las levaduras para la cerveza o aquella para el pan, pero el primero transmite al hidromiel, como cabría esperar, un pequeño gusto a cerveza, mientras que el segundo le da un gusto particular de este tipo de fermento.
4. La solución de miel y agua tiene que ser esterilizada, y también el barril o el recipiente en el cual se cumple el proceso de la fermentación. Hay que evitar además cada posibilidad de contaminación sucesiva en la esterilización. Esto es verdaderamente importante.
5. Agentes químicos o especiales nutritivos salinos, que generalmente son recomendados, deben ser utilizados con la máxima circunspección. Similares aditivos aceleran enormemente la fermentación, pero tienden a destruir el aroma y el buqué que caracteriza el hidromiel de alta calidad.
6. La temperatura debe mantenerse constante durante toda la duración del proceso de fermentación; nunca demasiado alta, nunca demasiado baja. La temperatura más adecuada para el tipo de fermentación que acabo de aconsejar, la levadura de vino Maury, es de 65.70 ° F.
7. El proceso de fermentación tendría que ocurrir en los meses estivales, porque en este periodo la temperatura y las condiciones atmosféricas son más favorables a la propagación y al desarrollo de las células de levadura. La época más apta para empezar los preparativos es, entonces, entre mayo y julio. Esto vale para todos los hidromieles tranquilos. En el caso de los hidromieles con gas el periodo más apto para empezar la fermentación es octubre.
8. Para obtener un hidromiel de carácter, una bebida capaz de competir con los más finos vinos producidos desde el zumo de uva, tiene que madurar en barriles de roble en óptimas condiciones, y antes de ser embotellado tiene que envejecer en leño por un mínimo de cinco años. Esto es particularmente importante en el caso del hidromiel dulce

Proporción entre agua y miel

Es necesario, ante todo, haber entendido que el aroma, el buqué y el carácter del hidromiel son el producto combinado de las esencias florales contenidas en la miel con el particular tipo de levadura utilizada. Por otro lado, el cuerpo o la "oleosidad" del hidromiel y su contenido en alcohol están en gran medida determinados por la proporción entre miel y agua empleada. Un hidromiel hecho con menos de 2 libras de miel y 1 de galón de agua no se conserva. La máxima concentración eficaz que puede ser fermentada es de 6 libras por galón de agua. Para un hidromiel con gas, aconsejaría 2 libras y ¼ para un vino seco y tranquilo de 2 o 3 y ½; para un vino medianamente dulce, hasta llegar al vino para el postre, 4 o 5 libras.

Si no se conoce la proporción de la miel contenida en una solución de agua, como en el caso en el que se recupera la miel de la limpieza de los cuadros, será necesario usar un hidromiel para determinar el contenido de miel. En alternativa, la proporción de miel puede ser acertada con el método menos preciso de la pesa de 1 Quart (=1,136 litros) de líquido. El peso de 1 Quart, sumando miel por galón de agua, junto a las lecturas del peso específico (a 60° F), con el efectivo contenido de azúcares, es el siguiente:

Peso (Quart)	Miel (por galón)	Peso especifico	Azúcar contenido
2 lb.10 oz	2 lb.	1.053	13,04%
2 lb.10 ½ oz.	2 lb. 1/2	1.064	15,61%
2 lb. 11 oz.	3 lb.	1.075	18,13%
2 lb. 11 ½ oz.	3 ½ lb.	1.086	20,60%
2 lb. 12 oz.	4 lb.	1.096	22,81%
2 lb 13 oz.	5 lb.	1.114	26,06%
2 lb 14 oz.	6 lb.	1.128	29,66%

Pesamos la proporción de miel – es decir, el contenido de azúcar – por cada prueba con una concreta lectura del peso específico: esta es la única manera precisa que podemos utilizar con los experimentos comparativos, porque en la misma miel el contenido de agua varía entre el 17% y el 25%.

Además, para excluir cada sustancia extraña antes de que sea utilizada para producir hidromiel, la solución de miel de erica tiene que ser filtrada. Si no está filtrada, las sustancias extrañas empobrecerán el aroma, confiriendo al hidromiel un color desagradable. La mezcla de miel de erica y agua después es esterilizada (simplemente llevándola a ebullición) y luego, después de que se enfría, pasada a través de un filtro. Lo que nosotros utilizamos es un filtro de papel, pero se puede utilizar igualmente un material filtrante en nylon. En cambio, debemos evitar la muselina y otros corrientes materiales filtrantes. La facilidad con la cual la miel de erica se deja filtrar varía de año en año, y es mejor que la filtración se produzca con lentitud. Dos galones de solución, que es la capacidad de la bolsa de nuestro filtro, necesitan alrededor de 24 horas para ser filtrados por completo. Si algunos sedimentos pudieran pasar el filtro, cosa que ocurre habitualmente, entonces la solución es filtrarla nuevamente. Cuando está bien filtrado, el líquido obtenido tiene que ser claro y cristalino, y tener un rico matiz dorado. Cuando la filtración está terminada es necesario esterilizar nuevamente el mosto. Es aconsejable preparar la solución inicial de forma concentrada y luego diluir el filtrado en la densidad deseada antes de la esterilización final. Un mosto de miel preparado de esta manera, con un buen curado y un atento removido y almacenamiento, se desarrollará llegando a ser un hidromiel de excelente calidad.

Pasamos ahora a la fabricación propia y verdadera del hidromiel. Como primer paso, se necesita un barril intacto y otro donde esté contenido el vino – preferiblemente el Sherry. Después de haber cuidadosamente limpiado el barril con agua caliente, sin añadir ningún agente detergente, podemos preparar el mosto de miel, que es la materia prima del hidromiel.

Quiero, una vez más, dar la máxima importancia al hecho de que, para obtener un hidromiel de calidad superior, es absolutamente necesario un agua dulce y pura como el agua de lluvia, y la miel de la mejor calidad. La miel de trébol, tila o erica calluna, sin duda producen hidromieles de calidad muy elevada. Pero también en este caso, por razón de que la miel de un mismo origen varía de año en año y de lugar en lugar, variará también el hidromiel. Se tendría que evitar usar miel procedente de viejos panales: el hidromiel sería de inferior calidad. Pero la miel recuperada de la desoperculación de los panales, si tiene buen aroma, se puede utilizar bastante bien. En los desoperculos es volcada agua dulce caliente, de manera que la miel se derrita, mientras la cera es recogida en esferas y luego escurridas bien, aprovechando así cada gota de miel. Cualquiera que sea la manera en la cual la miel es obtenida – desde la cera de desoperculo o de otra manera, para acertar la exacta densidad de la solución, será necesario utilizar el hidrómetro. El peso específico que utilizamos para un vino ligero de mesa es de 1.055; si la lectura es tomada después, la esterilización final será en cambio de 1.058.

Preparada la solución de agua y miel, esta es esterilizada. El mosto está apenas hervido, y se mantiene así durante un minuto o dos. No tiene en absoluto que ser hervido durante media hora, como normalmente es recomendado, porque el hervor prolongado disolvería las sutiles esencias contenida en la miel. Estos son aceites aromáticos muy delicados que infunden al hidromiel su inevitable perfume y aroma. El objetivo de la esterilización es matar todas las levaduras contenidas en la miel, o cualquier otra levadura que se haya colado desde el aire circundante; si no se eliminaran, estropearían de hecho el hidromiel. La esterilización tendría que ser efectuada en un recipiente de cobre o de cristal, o mejor, en un recipiente de acero inoxidable o de aluminio. Pero nuestra miel en ningún caso debe estar en contacto con hierro, latón o metal galvanizado.

Prácticamente cada receta para la producción del hidromiel a este punto recomienda el añadido de varias sales orgánicas para acelerar el proceso de fermentación. Nuestras conclusiones, alcanzadas durante años, nos han indicado que los mejores resultados no se obtienen con una fermentación rápida, sino con una lenta. También hemos descubierto que el cremor tártaro y el ácido cítrico, si son usados con moderación, favorecen la fermentación sin comprometer la calidad del hidromiel. Nosotros utilizamos alrededor de 2,5 a 5 onzas de cremor tártaro y alrededor de 0,5 a 1 onza de ácido cítrico cada 10 galones de mosto, según la cantidad de miel por galón de agua.

Después de la esterilización, el mosto de miel es trasegado en el barril cuando aún está hirviendo. Esto destruye las levaduras que podrían encontrarse dentro el barril, el cual no tiene que ser llenado hasta llenarse del todo, sino dejando un espacio de 3 pulgadas más o menos, en previsión de la levadura a añadir y por la sucesiva expansión del líquido cuando empieza la fermentación. El grifo del barril es, a su vez, taponado con un tapón de algodón bien estrecho para impedir a los microorganismos el acceso al líquido. Después de la introducción de la levadura el tampón de algodón será sustituido con una válvula de fermentación.

La incorporación de la levadura

El líquido es dejado enfriar hasta que alcanza una temperatura de 80° F, entonces se añade la levadura pura de vino. Si la levadura se encuentra disuelta en un líquido, la cantidad tendrá que ser no inferior al 1% de la cantidad completa utilizada. Por otro lado, una levadura dispensada en probeta cuando la cantidad supera los 5 galones, tiene que ser metida en propagación activa antes de poder ser añadida al mosto de la miel. Esto sirve para garantizar un rápido y satisfactorio comienzo de la fermentación, algo esencial.

La fermentación

Después de haber añadido la levadura, la fermentación más brusca comenzará transcurridas las 38 horas; pero si la levadura no está activa o si la cantidad empleada es demasiado pequeña en relación al tamaño del mosto de la miel, pueden transcurrir varios días. La primera fase violenta fermentativa decrecerá gradualmente en el transcurrir de algunos días. Empezará entonces la fermentación primaria. Este segundo proceso durará de seis a ocho semanas en el caso de un hidromiel ligero, pero en aquél más denso se podrá prolongar por un periodo de tres o cuatro meses, a veces más aún.

Al término de la fermentación primaria del vino, tanto de uva como el recabado del zumo de varias frutas, el líquido, claro o parcialmente claro, es decantado para sacar los residuos o sedimentos. Esto es esencial en todos los casos, y está requerido por la sedimentación natural. Pero no estoy convencido de que filtración y decantación sean ventajosas en el caso del hidromiel. Nosotros preferimos dejar madurar nuestro hidromiel con los residuos durante varios años, en particular en el tipo de hidromiel dulce. Los posos de los Sherry no son removidos, y se cree que esto es lo que les infunde sus particulares notas. Después, la fermentación del hidromiel tendría que dejarse madurar durante, al menos, dos años. Incluso alcanzando la perfección, es necesario un periodo aún más largo. Pero tanto el hidromiel ligero como el hidromiel más dulce nos dan una bebida agradable y apreciable en cuanto se ponen claros.

Se notará que, en el caso del hidromiel más robusto, una segunda fermentación muy lenta ocurrirá un año después de haber sido producido. La pequeña cantidad de dióxido de carbono generados con esta fermentación normalmente se disipa a través la madera.

En el proceso de fermentación tienen lugar tres momentos concretos:

1. La fermentación violenta, que empieza dentro de las 38 horas desde la incorporación de la levadura, con una duración de tres días más o menos.
2. La fermentación primaria, que puede durar de seis semanas a cuatro meses o más – según el vigor de la levadura y de la proporción de la miel contenida en el líquido.
3. La segunda fermentación, que un hidromiel ligero puede con esfuerzo alcanzar, mientras que en un hidromiel robusto se reactiva en los meses de verano durante uno o dos años sucesivos.

Clarificación

El hidromiel obtenido de cierta variedad de miel parece necesitar más tiempo para aclararse que el obtenido por otras, y esto ocurre en particular con la miel de trébol. En estos casos, a menudo se forman partículas sutiles y aplanadas, parecidas a aquellas que se encuentran en algunos vinos del Rin. Si se encuentra alguna dificultad en tal sentido, el hidromiel puede ser mejorado con cola de pescado. Cada 10 galones en un poco de hidromiel será suficiente para quedar perfectamente claro. Personalmente, prefiero dejar a la clarificación todo el tiempo que pueda necesitar.

Recipientes

Creo que, en general, no nos damos cuenta de que el hidromiel no puede realizarse a la perfección en pequeñas cantidades – en pequeños vidrios o botellas. Seguramente, no puede madurar en tinajas de cerámica, en vidrio o en contenedores de plástico. Como todos los vinos y licores alcohólicos, el hidromiel puede alcanzar la maduración justa solamente en leño.

Los cántaros de una capacidad de 2 a 10 galones son ideales para la fermentación. En el cristal, el aire queda completamente excluido y como consecuencia hay menor riesgo de contaminación durante los momentos críticos del comienzo de la fermentación. Los vasos de vidrio tienen otra gran ventaja, no presentan posibilidad de dispersión, como a menudo pasa en los botes de pequeña capacidad, cuando son llevados a temperatura de 65-70° F. Los cántaros de cerámica son demasiado fríos; al contacto con la piedra, la levadura no se desarrolla como es debido – aún menos en cántaros de pequeña capacidad.

Hidromiel con gas

En el momento en que se embotella el hidromiel, antes de que empiece la segunda fermentación, puede ser producido un vino con gas. Todos los vinos con gas de clase superior son obtenidos así; y el hidromiel, cuando está tratado de esta manera, llega a ser una bebida realmente fina, comparable a los mejores champanes dulces.

Considero que los resultados más satisfactorios se obtienen con el embotellamiento en los meses de febrero o marzo de un hidromiel preparado en octubre del año precedente. Para el hidromiel con gas, el mosto de miel es diluido hasta un peso específico de 1.058. La fermentación primaria termina al final del otoño, y en cuanto el líquido esté clarificado, el barril tiene que estar a una temperatura inferior a 60° F para retrasar la segunda fermentación. Será conveniente no sacar todo el poso del barril, porque de esta manera una parte de los sedimentos terminarían en las botellas. Es recomendable utilizar botellas de champán, porque las botellas normales de vino no son suficientemente resistentes a la presión formada por el dióxido de carbono que se produce. Si el mosto ha sido hecho con una mezcla de peso específico superior a 1.058, es casi inevitable que las botellas exploten. Como dato de hecho, un hidromiel con gas no debe pasarse: el gas siempre debe reducirse inmediatamente después de ser vertido en el vaso, y su efervescencia tendría que ser lo justo perceptible en el paladar – entonces ofrecerá lo mejor de sí mismo.

Para garantizar una temperatura regular y por tanto, un perfecto resultado, las botellas tienen que ser almacenadas tumbadas de un lado, en la arena o en una celda frigorífica seca. Los tapones usados tienen que ser aquellos especiales para champán, firmemente atados con un hilo de hierro. Los tapones de plástico, hoy en día muy utilizados para los vinos con gas, irán bien igualmente.

El hidromiel con gas está listo para ser consumido alrededor de tres o cuatros meses después del embotellamiento, pero cuanto más tarde se sirva, más alcanzará su madurez. Para obtener una perfecta limpieza, las botellas tienen que ser sacadas de la arena alrededor de dos semanas antes de su uso y colocadas de pie. Así se le permite al ligero sedimento formado en la última fermentación, depositarse en el fondo antes de que el hidromiel se pueda llevar a la mesa. Es aconsejable también meter la botella en el frigorífico por un par de horas antes de su consumo. El hidromiel con gas está considerablemente mejor si está frío. En realidad, cada hidromiel medianamente dulce o seco, si está frío, podrá dar lo mejor de sí mismo.

Las presentes instrucciones para el hidromiel con gas se escribieron hace más de veinte años, pero siguen siendo completamente válidas. Mientras tanto, naturalmente, hemos encontrado que adoptando un procedimiento alternativo se puede producir un hidromiel con gas aún mejor. El barril de hidromiel es preparado siguiendo las instrucciones recién relatadas, pero después lo dejamos madurar en leño durante dos años enteros y luego es mezclado con un segundo barril preparado el año anterior. Para simplificar la mezcla, las botellas de champán son antes rellenadas por la mitad con el hidromiel viejo de dos años y luego llenadas hasta el borde con el hidromiel del otoño anterior. Este último dará lugar a la segunda fermentación en el momento justo, y producirá la efervescencia deseada, pero en combinación con el hidromiel de dos años creará una bebida incomparablemente superior.

Hidromiel seco

El hidromiel seco es un vino dulce similar al sherry. Puede ser preparado con distintas graduaciones de dulzura – esto depende de la cantidad de miel por cada galón de agua, y en cierta medida también, del envejecimiento. Para un vino medianamente dulce aconsejaría de 3,5 a 4,5 libras; para un vino de postre de pleno cuerpo, 5 o 6 libras. Pero 6 libras por galón es la cantidad máxima que se podrá utilizar: si esta medida es superada, el líquido resultará demasiado dulce para permitir que el proceso de fermentación se desarrolle de manera satisfactoria, y el resultado producido no será el hidromiel, sino simplemente un jarabe fermentado a mitad. Cualquier medida inferior a ésta será suficiente, pero con una lectura de 1.075 dará un hidromiel con algo de menos cuerpo, que con los años tenderá a ser siempre más seco.

El hidromiel seco más rico que hacemos es recabado de un mosto que tiene una lectura de 1.120. Esto tiene un contenido en azúcar de 27,98 por ciento, es decir, poco menos de 6 libras de miel por 1 galón de agua. Pero la levadura de vino Maury que utilizamos por cada hidromiel es de una variedad particularmente rigurosa, y produce un contenido alcohólico considerablemente más alto de las comunes levaduras. Este tipo de hidromiel seco necesita, al menos, siete años para madurar, y un hidromiel de esta calidad se puede conservar indefinidamente. Cuando está completamente maduro es un vino maravillosamente suave, intenso y de pleno cuerpo - un vino que, en su incomparable aroma, conserva y recubre el sutil perfume de miel de milflores y de la vida rural.

Metheglin

El Metheglin es un hidromiel especiado. Sustancialmente, es producido con el mismo mosto del hidromiel seco.

En las diferentes recetas, a menudo se aconsejan grandes variedades de hierbas aromáticas y de especias. Una incluye el tomillo, romero, rosa canina y otras hierbas; otras insisten en ingredientes como almendras amargas, jengibre, saúco, lúpulo y ron (de cada tipo); en otras, aparecen distintas especias, como el clavero, nuez moscada y canela. Personalmente, considero mejor prescindir de la mayoría de estos ingredientes.

Para exaltar el aroma natural del hidromiel seco, y también del hidromiel con gas, se pueden añadir unas cáscaras de limón. El aroma de la miel y del hidromiel se complementa bien con el limón, pero el añadido tiene que ser hecho con cautela: la cáscara tiene que amalgamarse con el aroma del hidromiel de manera tal que no se tiene que distinguir el limón propiamente. Aconsejo el añadido de la cáscara de medio limón por cada galón de mosto. La cáscara rayada tiene que ser introducida en el barril un poco antes de verter el líquido hirviendo después de la esterilización. No tiene que ser añadida al mosto anteriormente, porque durante la esterilización sus óleos etéreos se perderían.

Según nuestra experiencia, las únicas especias que parecen casar bien con el aroma natural del hidromiel seco son el clavero y la canela – y en este caso, tengo en la cabeza un tipo de mosto de verdad especial, es decir, aquél hecho con la miel de brezo y calluna, que se queda impresionada en la cera después de ser prensada. Esta miel es recuperada de la cera de la siguiente manera: las tablitas de las medias alzas rotas son derretidas en un baño de pura agua de lluvia, pero el agua no tiene que ser hervida. En cuanto la cera se derrita, la solución de miel se posa en el fondo; o como alternativa, la cera es recogida de la superficie y metida en otro contenedor. La miel que estaba impresionada ahora está naturalmente disuelta en el agua. Se deja enfriar el líquido, y luego se filtra según el método que ya hemos descrito. Después de la filtración, el líquido será claro y cristalino, de un color pardo rojizo. A continuación será diluido hasta el peso específico de 1.120, y entonces nuevamente esterilizado, quitando cada espuma que pueda presentarse.

Este especial tipo de mosto de miel puede ser notablemente mejorado con el añadido de 0,25 onzas de clavero y 1,5 onza de corteza de canela cada 10 galones. Las especias son introducidas en el barril, como se ha dicho con la cáscara de limón.

El Metheglin así obtenido, cuando está perfectamente maduro, puede competir con los mejores Brown sherry dulces de todo el mundo. Es un tipo particular de hidromiel seco, diferente a cualquier otro hidromiel o vino que yo conozca. Tiene un carácter único: de color marrón rojizo, rico, el líquido cristalino refleja la luz con un brillo intenso, y emana un perfume evanescente, del todo diferente a cualquier otro vino hecho con zumo de uva.

www.ingramcontent.com/pod-product-compliance
Lightning Source LLC
Chambersburg PA
CBHW051221200326
41519CB00025B/7206

* 9 7 8 1 9 1 2 2 7 1 8 2 5 *